AF819843

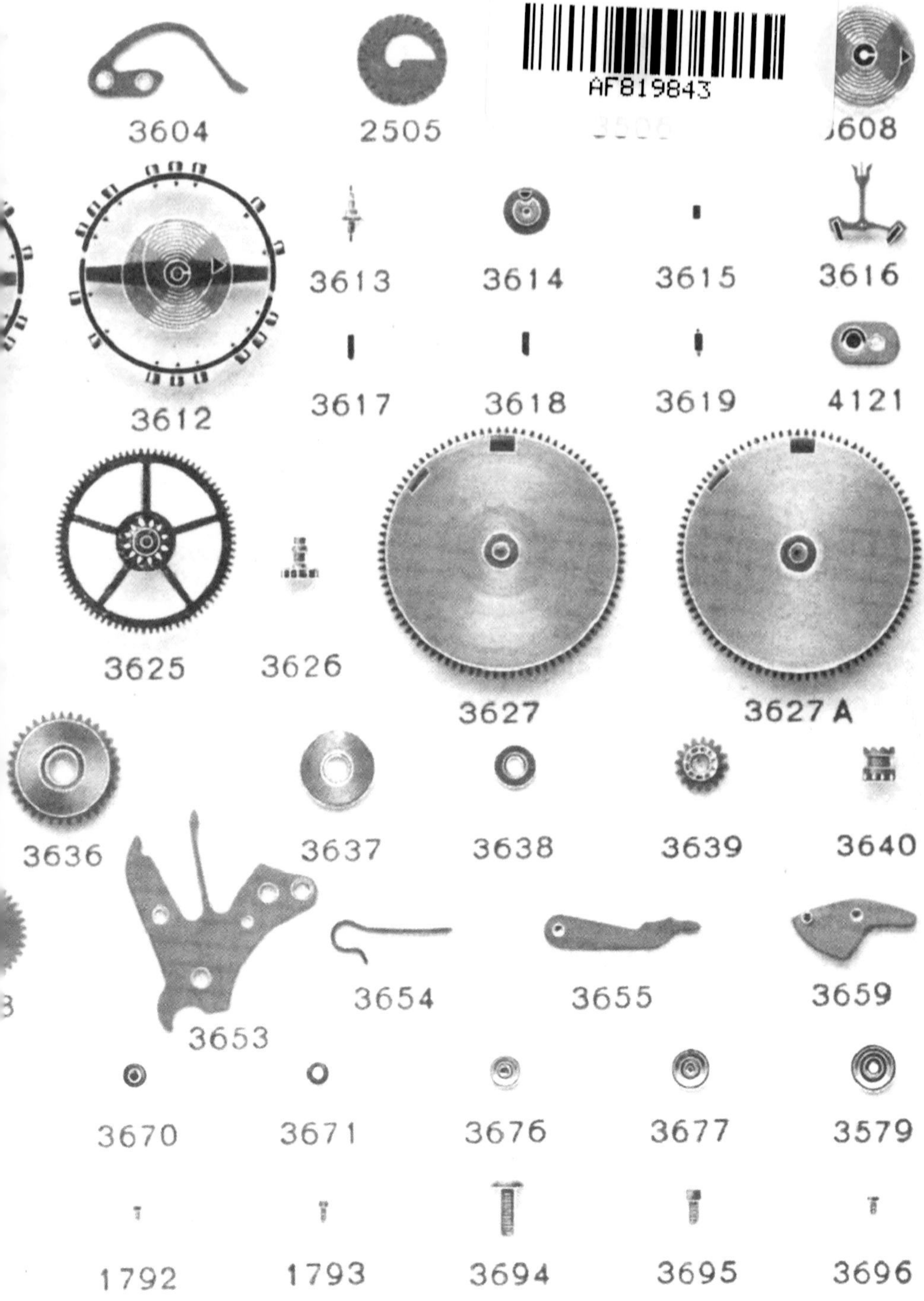
3604
2505
608
3612
3613
3614
3615
3616
3617
3618
3619
4121
3625
3626
3627
3627 A
3636
3637
3638
3639
3640
3653
3654
3655
3659
3670
3671
3676
3677
3579
1792
1793
3694
3695
3696

GRUNDLEGENDE KENNTNISSE DER UHRMACHEREI

VON

R. LAVEST

DIREKTOR DER UHRMACHERSCHULE AM TECHNIKUM VON LE LOCLE

Zweite Auflage
1945

Aus dem Französischen übersetzt von E. Donauer,
technischer Redaktor der Schweizerischen Uhrmacher-Zeitung
Überprüft von Herrn Max Bossart,
Direktor der Uhrmacherschule Solothurn

HEEL

INHALTSVERZEICHNIS

VORWORT

Man kann Uhren ein- und verkaufen, gegebenenfalls sich sogar mit deren Fabrikation befassen, ohne irgendwelche Kenntnis von ihrem Mechanismus zu besitzen. Indessen ist die Unwissenheit niemals eine Tugend, und man bedauert oft, daß so manche mit dem Uhrenhandel sich beschäftigende Personen, Verkäufer, Detaillisten und Grossisten, Angestellte und selbst kaufmännische Direktoren, in so vielen Fällen bezüglich allem, was die innere Beschaffenheit der Uhr anbetrifft, so vollständig unwissend sind.

Die Handelsschule von Le Locle hat seit langem festgestellt, daß es sich hier um eine Lücke handelt, die unbedingt auszufüllen ist. Sie führt deshalb für ihre Zöglinge einen Kurs über die Uhrmacherei durch. Seit 1926 mit der Erteilung dieses Unterrichtes betraut, sahen wir uns veranlaßt, einen diesbezüglichen Lehrgang zusammenzustellen, dessen wichtigste Punkte im Buch «Grundlegende Kenntnisse der Uhrmacherei», wobei es sich hier um die zweite Auflage handelt, zusammengefaßt werden.

Dieses kleine Werk richtet sich vor allem an diejenigen, die «ohne vom Berufe zu sein», den Wunsch haben, zu wissen, was eine Uhr ist, die nicht nur die Namen der Bestandteile kennen möchten, sondern, wenn auch nur sehr elementarisch, aber doch hinreichend präzis, deren Aufgabe und Funktion. Wir haben dabei auch versucht, begreiflich zu machen, daß, wenn man von einer Uhr auch viel verlangen kann, man doch nie übertreiben sollte. Als treue und pünktliche Dienerin hat sie auch das Recht auf gewisse Rücksichten.

Die erste Auflage dieses Werkes durfte sich einer guten Aufnahme erfreuen; man hat uns versichert, daß es einem wirklichen Bedürfnis entspreche. Die zweite Auflage wurde vervollständigt; wir haben auch versucht, nicht zu versäumen, über die Uhrmacherei, wie sich diese im Jahre 1945 uns darbietet, zu berichten.

I. KAPITEL

NATÜRLICHE ZEITEINTEILUNGEN

Die Uhrmacherei oder Chronometrie hat als Aufgabe die Zeitmessung. Nun, wer Messung sagt, sagt Einheit. Die Messung der Zeit beruht somit auf der Wahl einer Zeiteinheit, ebenso wie die Messung einer Länge auf der Wahl einer Längeneinheit beruht.

Handelt es sich um materielle Messungen (Längen, Oberflächen, Rauminhalt, Gewicht usw.), so können die Einheiten willkürlich gewählt werden. Man weiß, daß die Schöpfer des metrischen Systems als Längeneinheit den zehnmillionsten Teil eines Viertels des Erdumfanges bestimmt haben, und daß sie auf der Festsetzung dieser Einheit vorgegangen sind. Diese Bestimmung hat sich in der Folge als ungenau erwiesen. Das metrische System behält aber gleichwohl seinen ganzen Wert; nur die Begriffsbestimmung des Meters hat sich geändert. Gegenwärtig ist dies die Länge des im Bureau international des Poids et Mesures in Sèvre aufbewahrten Normalmeters. Dieser Normalmeter wurde nachgemacht, so daß sich heute in allen, dem metrischen System beigetretenen Ländern Wiederholungen davon befinden. Es besteht somit keine Gefahr, daß dieser je verloren gehen könnte.

Die Frage wird komplizierter, sobald es sich darum handelt eine *Zeit*-Einheit festzusetzen. Man ist sich sofort darüber klar, daß eine willkürliche Wahl nicht mehr möglich ist, und daß ein Normalmaß sich kaum anders bestimmen läßt als durch die zwischen zwei periodischen Erscheinungen verflossene Zeit, unter der Annahme, daß diese Zeit vollkommen konstant ist.

Ein Normalzeitmaß kann auch durch astronomische Erscheinungen gegeben werden, und die frappantesten dieser Erscheinungen wurden als die ersten gewählt: die Drehung der Erde um sich selbst; die Drehung der Erde um die Sonne; die Bewegung der Planeten; die Reihenfolge der Jahreszeiten; die Mondphasen.

Der Tag und die Nacht. Die regelmäßige Aufeinanderfolge von Tag und Nacht war sicherlich für den Menschen der erste Begriff der Zeitteilung.

Die Monate. Die Aufeinanderfolge der Mondphasen ergibt eine zweite Teilung. In 29½ Tagen (genau 29 Tagen, 12 Stunden, 44 Minuten, 2,8 Sekunden) führt der Mond eine Drehung um die Erde aus. Die Monate bestanden abwechselnd aus 29 und 30 Tagen, und 12 Monate bildeten das Mondjahr mit 354 oder 355 Tagen.

Die Wochen. Nach der Genesis ist die Einteilung der Zeit in Wochen göttlichen Ursprungs. Man kann sie auch der Aufeinanderfolge der Mondphasen zuschreiben (Neumond, erstes Viertel, Vollmond, letztes Viertel), indem jede Phase von der vorhergehenden durch ein Intervall von ungefähr 7 Tagen getrennt ist. Endlich könnte man auch annehmen, daß der Begriff der Woche von der natürlichen Aufeinanderfolge der Tage herrührt, von denen ein jeder einem der den Alten bereits bekannten Planeten geweiht war.

Das Jahr. Die durch die Veränderung der Sonnenbahn sinnfällige, natürliche Aufeinanderfolge der Jahreszeiten, die Stellung der Gestirne sowie gewisse meteorologische Erscheinungen liefern eine noch größere Teilung: *das Sonnenjahr.* Dieser Zeitabschnitt entspricht der Dauer der Umlaufzeit der Erde um die Sonne. Das Sonnenjahr umfaßt ungefähr 365¼ Tage (genauer ausgedrückt 365 Tage, 5 Stunden, 48 Minuten, 46 Sekunden). Um das Sonnenjahr mit der Teilung in Monate in Einklang zu bringen, mußte die Länge der letzteren verändert werden: daher unsere Monate von 28, 30, 31 Tagen.

Der Sonnentag ist das einzige heute für das bürgerliche Leben angewendete Normalzeitmaß; seine Unterteilungen (Stunden, Minuten, Sekunden) sind künstlich.

Der wirkliche Sonnentag umfaßt die zwischen zwei aufeinanderfolgenden Durchgängen der Sonne durch den Ortsmeridian verflossene Zeit. Die Bestimmung des Sonnentages erscheint daher auf den ersten Blick nicht sehr kompliziert.

Es besteht indessen *eine* Schwierigkeit. Die Erde beschreibt um die Sonne eine Ellipse, von der die Sonne einen der Brennpunkte bildet. Die Entfernung der Sonne zur Erde ist daher veränderlich sowie auch die Geschwindigkeit der Erde auf ihrer Bahn (Ekliptik).

Dadurch entsteht eine Verschiedenheit hinsichtlich der Dauer der Sonnentage.

Es hat also den Anschein, als ob der Sonnentag als Normalzeitmaß nicht in Frage käme, da die Haupttugend eines solchen die Unveränderlichkeit ist.

Nachstehende Erklärung zeigt, wie diese Schwierigkeit überwunden wurde:

Man teilte die Gesamtdauer des Sonnenjahres durch die Zahl der in ihm enthaltenen Sonnentage. Auf diese Weise erhielt man einen mittleren Wert, den man «*mittlerer Sonnentag*» genannt hat. Man nennt «*wahrer Sonnentag*» den veränderlichen Wert des Sonnentages und «*Zeitgleichung*» die ebenfalls veränderliche Differenz zwischen der wahren und der mittleren Zeit. Dieser Unterschied kann bis auf ungefähr 17 Minuten ansteigen, auf mehr oder weniger. Er verschwindet viermal im Jahre, und zwar gegen den 15. April, 14. Juni, 1. September und 24. Dezember.

Wirklicher Mittag ist, wenn die Sonne durch den Ortsmeridian geht; die Differenz zwischen dem wahren und dem mittleren Mittag kann daher bis ungefähr 17 Minuten ausmachen.

Zeitdifferenz gemäß den Örtlichkeiten. Die täglich von Ost nach West erfolgende Umdrehung unseres Erdballes bedingt, daß zwei Örtlichkeiten, deren Länge differiert, zu verschiedener Zeit Mittag haben, und zwar die östlichste zuerst. Dagegen haben alle sich auf dem nämlichen Meridian befindlichen Örtlichkeiten zur gleichen Zeit Mittag, welches auch ihre Breite sei.

Der Beginn der Zeiten darf nicht für jeden Ort verschieden sein, da dies zur gegenwärtigen Stunde unüberwindliche Schwierigkeiten schaffen würde.

Bis zum Ende des verflossenen Jahrhunderts hatte jeder Staat eine andere Zeit, und zwar gewöhnlich diejenige seiner Hauptstadt.

Dies war bereits ein, wenn auch noch unpraktischer, Fortschritt. Die Einführung der fast überall angenommenen sogenannten Zeitgruppen machte diesem Zustand ein Ende. Die Entwicklung der Beziehungen zwischen den verschiedenen Ländern hat zur Wahl *eines inter-*

nationalen Meridians geführt, dessen Stundenangabe in mittlerer Zeit als Weltzeit gelten dürfte. Der gewählte Meridian war derjenige, der durch die Ortschaft *Greenwich* in England geht. Man teilte den Erdball hierauf in 24 Kugelsegmente ein, die alle 15 Längengrade aufweisen.

In jedem dieser Kugelsegmente gilt als Zeit diejenige des Meridians von *Greenwich*, vermehrt oder vermindert um eine ganze Stundenzahl.

Jedes Land nimmt als *gesetzliche Zeit* die in eines dieser Segmente fallende Zeit an. Bei einer Wanderung nach Osten geht die Zeit eines jeden dieser Segmente gegenüber dem vorhergehenden um eine Stunde vor.

Europa zerfällt in drei Segmente. Das erste ist dasjenige von Westeuropa, das unter andern die Länder England, Frankreich, Spanien und Portugal umfaßt. Das zweite ist dasjenige der mitteleuropäischen Zeit; dazu gehören die Schweiz, Deutschland, Italien, Österreich usw. Die dritte Gruppe hat osteuropäische Zeit und umfaßt im besonderen Rumänien, Bulgarien, ein Teil von Rußland usw.

Auf diese Weise hat man, wenn in London Mittag ist, in Bern ein Uhr, in Sofia zwei Uhr.

Gewisse große Länder (die Vereinigten Staaten von Nordamerika) konnten sich wegen ihrer großen Längenausdehnung nicht mit einer Gruppe begnügen, weshalb es in den Vereinigten Staaten mehrere Zeiten gibt.

Gegenwärtig sind fast alle zivilisierten Staaten dem Gruppensystem beigetreten. In Europa macht einzig Holland noch eine Ausnahme.

Die Sommerzeit. Während der schönen Jahreszeit stellen gewisse Länder (Frankreich, England) ihre Uhren um eine Stunde vor. Frankreich schließt sich also während diesem Zeitabschnitt der mitteleuropäischen Zeit an. Durch dieses Mittel ist man gezwungen, eine Stunde früher aufzustehen; da es am Morgen früher Tag wird, erspart man eine Stunde Beleuchtung. Dieses System wurde übrigens getadelt; nachdem es während zwei Sommern auch in der Schweiz angewendet worden war, hat man es hier wieder aufgegeben.

Künstliche Unterteilungen der Zeit. Für den gewöhnlichen Sterblichen beginnt der Tag um Mitternacht; er wird in zweimal 12 Stunden (Hausgebrauch) also in 24 Stunden eingeteilt. Jede Stunde teilt sich in 60 Minuten und jede Minute in 60 Sekunden. Die kleineren Werte werden im wissenschaftlichen Gebrauch in Dezimalbrüchen von Sekunden ausgedrückt (Zehntels-, Hundertstels-, Tausendstelssekunde).

Dezimalzeit. Man hat versucht, eine Teilung des Tages in 20 Stunden einzuführen, wobei jede Stunde 100 Dezimalminuten und jede Minute 100 Dezimalsekunden enthalten würde. Dieses System hätte die Berechnungen erleichtert, hatte aber mit Ausnahme der industriellen Chronometrierung keinen Erfolg.

Sternzeit. Der Sterntag ist die genaue Dauer einer Umdrehung der Erde um ihre eigene Achse. Er ist 3 Minuten, 55,909 Sekunden kürzer als der mittlere Sonnentag. Derselbe wird in der Astronomie und bei der Seefahrt angewendet.

Kalender. Bei der Annahme des bürgerlichen Jahres, bestehend aus einer ganzen Zahl von Tagen (365), läßt man einen Fehler von ungefähr einem Viertelstag bestehen, der sich anhäufend, ein Auseinandergehen des bürgerlichen und des Sonnenjahres erzeugt. Um dieses Abweichen (zirka ein Tag in vier Jahren) auszugleichen, hat Julius Cäsar (46 Jahre vor Christus) auf Anraten des ägyptischen Astronomen Sosigenes angeordnet, daß alle vier Jahre am Ende des Monats Februar ein Schalttag eingeschoben werde. Das Jahr zu 366 Tagen hat den Namen *Schaltjahr* erhalten, und der auf diese Grundlage aufgebaute Kalender wurde *Julianischer Kalender* genannt.

Der Julianische Kalender wäre vollkommen, wenn das Sonnenjahr genau 365¼ Tage betrüge. Da aber der Bruch weniger als ein Viertel beträgt, sah sich das Julianische Jahr anno 1582 gegenüber dem Sonnenjahr um 10 Tage im Rückstand. Nach dem Bericht von Lilio beschloß Papst Gregor XIII., den Kalender von neuem mit dem astronomischen Jahr in Einklang zu bringen. Er verfügte, daß der auf Donnerstag, den 4. Oktober 1582 folgende Tag sich 15. Oktober desselben Jahres nenne, und um zu verhindern, daß sich die Verspätung von neuem anhäufe, verfügte er folgendes:

Unterdrücken wir alle Jahrhunderte bei dem Jahr, dessen Zahl mit zwei Nullen endigt, den Schalttag. Stellen wir aber alle vier Jahrhunderte dieses Schaltjahr wieder her, um dann alle vier Jahrtausende dieses wieder eingefügte Schaltjahr neuerdings wegzulassen. Die Dauer des bürgerlichen Jahres wird mit folgender Formel dargestellt:

$$365 + \frac{1}{4} - \frac{1}{100} + \frac{1}{400} - \frac{1}{4000}$$

und ergibt einen dem astronomischen Jahr genügend nahekommenden Wert.

Der Julianische Kalender war bis gegen 1914 noch in Rußland und in den Ländern orthodox-katholischer Religion in Gebrauch. In dieser Epoche war das Julianische Jahr gegenüber dem unsrigen um 13 Tage im Rückstand, so daß, wenn unser Kalender den 25. Juli zeigte, die russischen Kalender den 12. Juli markierten.

II. KAPITEL

DIE ALTEN ZEITMESSINSTRUMENTE

Man begreift leicht, daß die Beobachtung der Bewegung der Gestirne nicht ein jedermann zur Verfügung stehendes Mittel für die Zeitbestimmung sein kann. Seit ältesten Zeiten bemühten sich die Menschen praktische und wenn möglich auch genaue Verfahren für die

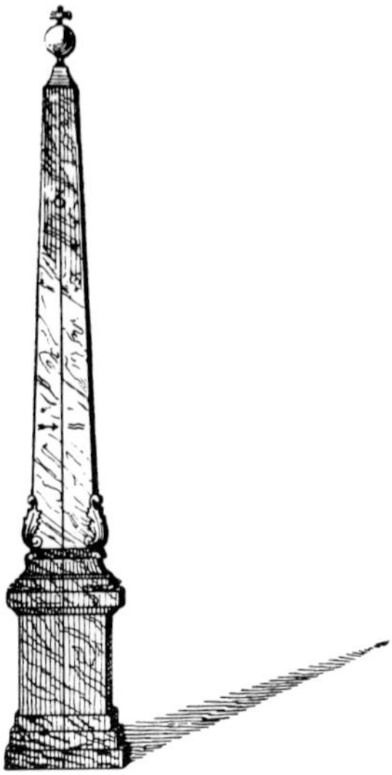

Fig. 1. Gnomon.

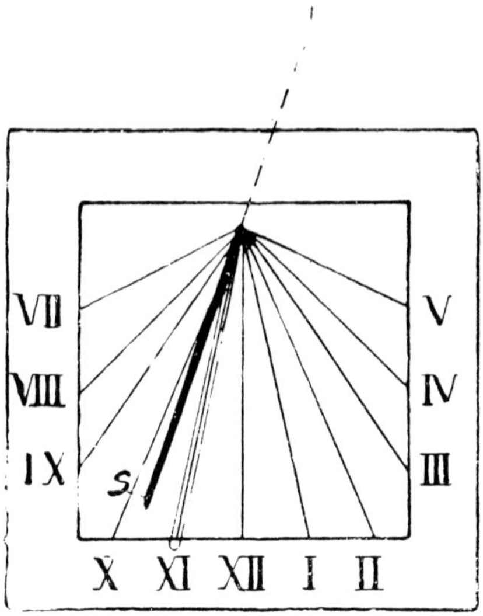

Fig. 2. Sonnenuhr-Zifferblatt.

Zeitmessung zu finden. Sie haben sich nacheinander der *Gnomonen* (Fig. 1) und der *Sonnenuhren* bedient (Fig. 2). Bei diesen beiden Apparaten wird die Zeit durch die Länge oder die Stellung eines von einem geeigneten und richtig eingestellten Körper geworfenen Schattens angegeben. (Obelisk, Zeiger.)

Um kleine Zeitintervalle zu messen, hat man die Sanduhr erfunden. Dieser Apparat besteht aus zwei, durch einen engen Durchgang miteinander verbundenen Behältern. Die Zeit wird dabei durch das Abfließen des Sandes von einem Behälter in den andern gemessen. Die *Sanduhr* (Fig. 3) wird auch heute noch zur Messung von kurzen Intervallen verwendet (Kochen von Eiern, Telephongesprächen usw.).

Fig. 3. Sanduhr.

Fig. 4. Klepsydra oder Wasseruhr.

Die *Klepsydra*, Wasseruhr (Fig. 4), besteht aus einem stets mit Wasser angefüllten Gefäß aus Ton oder Metall. Am Boden desselben läßt ein kleines Loch das Wasser, Tropfen um Tropfen, in ein anderes Gefäß abfließen, auf dessen Seitenwand die Stundenzahlen angebracht sind. Das Wasser, das nach und nach jede der Einteilungen erreicht, zeigt so die verschiedenen Stunden des Tages und der Nacht an.

Die Chinesen gebrauchen noch die *Feueruhren*, bei welchen die Zeit durch das regelmäßige Verbrennen eines aus einem besonderen Stoff hergestellten Dochtes angezeigt wird.

III. KAPITEL

DIE MODERNEN ZEITMESSINSTRUMENTE

Die Konstruktion der ersten Uhrenmechanismen läßt sich bis auf die Erfindung der Zahnräder, die Archimedes (250 Jahre vor Christus) zugeschrieben wird, zurückverfolgen. Die Präzisionsuhrmacherei nahm aber erst nach der Entdeckung der Pendelgesetze durch Galilei im Jahre 1595 ihren Anfang.

Die Entstehung der Taschenuhr scheint auf das Jahr 1500 zurückzugehen. Die erste soll von Peter Henlein in Nürnberg angefertigt worden sein; allein erst fast 200 Jahre später erfand der Engländer Quare den Mechanismus, der außer den Stunden auch die Minuten anzeigte.

Die Erfindungen folgten nun rasch aufeinander.

In der Schweiz nahm die Uhrenfabrikation gegen die Mitte des sechszehnten Jahrhunderts in Genf ihren Anfang, und erst fast ein Jahrhundert später wurde sie in La Sagne durch Daniel Jean Richard eingeführt, von wo sie sich auf die umliegenden Gegenden ausbreitete.

Zu Anfang des achtzehnten Jahrhunderts verpflanzte sich die Uhrenindustrie nach dem Jouxtal, fünfzig Jahre später durch das St. Immertal nach dem Kanton Bern und nach Biel, hernach nach dem Kanton Solothurn, Montilier, dem Baselland, Schaffhausen und nach dem Kanton Tessin.

Man kann die modernen Zeitmeßapparate in zwei große Klassen einteilen:

1. Die Stand- und Pendeluhren, welches feststehende, nicht transportable Instrumente sind.

2. Die gewöhnlichen Taschen- und Armbanduhren, wobei es sich um die tragbaren Instrumente handelt.

Man unterscheidet in einem gewöhnlichen Zeitmeßapparat ohne Schlagwerk folgende fünf Hauptpartien:

a) Das Regulierorgan;

b) die Hemmung oder den Mechanismus, dazu dienend, dem Regulierorgan die zur Unterhaltung der Bewegung nötige Kraft zu vermitteln;

c) das Räderwerk, Gesamtheit der Organe (Eingriffe), dazu bestimmt, der Hemmung die vom Motor gelieferte Kraft zuzuführen; das Räderwerk gibt auch die Angaben der Zeitmessung;

d) den Motor, der in einem Gewicht, einer Zugfeder oder dem elektrischen Strom bestehen kann;

e) den Aufzug- und Zeigerstellmechanismus; diese Organgruppe existiert gewöhnlich nur bei den Taschen- und Armbanduhren.

IV. KAPITEL

DAS PENDEL

Das Pendel ist das gewöhnlich bei den feststehenden Zeitmeßapparaten angewendete Regulierorgan. Seine Haupteigenschaften wurden durch Galilei entdeckt und hernach vom holländischen Physiker Huygens eingehend studiert.

Nehmen wir einen Holz- oder Metallstab und befestigen an einem seiner Enden ein Gewicht, um ihn am andern Ende freischwingend aufzuhängen. Auf diese Weise haben wir ein zusammengesetztes Pendel hergestellt (das einfache Pendel ist eine mathematische, praktisch nicht herstellbare Schöpfung).

Unter der Einwirkung des Schwergewichtes nimmt das Pendel eine senkrechte Stellung an. Bringen wir es aus dieser Stellung, um es nach

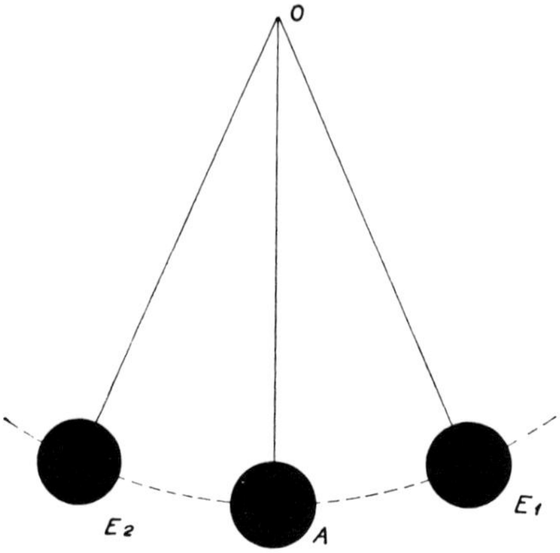

Fig. 5. Mathematisches Pendel.

E_1 zu führen (Fig. 5) und überlassen es sich selbst, so wird es unter der Einwirkung des Schwergewichtes mit einer beschleunigten Geschwindigkeit nach *A* zurückkehren. Zufolge der empfangenen Kraft überschreitet das Pendel diesen Punkt *A* und gelangt, wenn keine passiven Widerstände (Reibung der Aufhängung, Luftwiderstand) vorhanden sind, bis zu dem Punkt E_2; es kommt in Wirklichkeit bis zu einem zwischen *A* und E_2 gelegenen Punkt, der sich gewöhnlich sehr nahe bei E_2 befindet. Das Pendel schwingt hierauf in der entgegengesetzten Richtung zurück, und seine Bewegung setzt sich so durch aufeinanderfolgende Schwingungen fort.

Die Pendelschwingungen teilen, wenn sie klein genug sind (unter 2^0), die Zeit in ziemlich genaue Teile. Man sagt, diese Schwingungen seien *isochron.* Der Isochronismus des Pendels stellt eines der besten künstlichen Mittel zur Zeitteilung dar.

Die Dauer der Pendelschwingung hängt hauptsächlich von dessen Länge und der Schwere, das heißt der Erdanziehung, ab.

Die Pendelstange, wie alle Körper, verlängert sich bei zunehmender Temperatur (Ausdehnung) und verkürzt sich, wenn diese sinkt. (Zusammenziehung, Verkürzung.) Dies bewirkt, daß eine Pendeluhr in der Wärme nach- und bei der Kälte vorgeht. Diese Variation ist bedeutend genug, um bei Instrumenten von einer gewissen Präzision nicht geduldet werden zu können.

Die Präzisionspendeluhren sind daher mit einem kompensierten Pendel (Kompensationspendel) ausgestattet.

Das *Grahamsche Pendel* oder *Quecksilberpendel* besteht aus einer Stahlstange, an dessen Ende ein hohler Zylinder, der eine gewisse Quantität Quecksilber enthält, befestigt ist. Unter dem Einfluß der Temperaturerhöhung verlängert sich die Stange; das Quecksilber, das sich proportional mehr ausdehnt als der Stahl, steigt seinerseits im Zylinder ein wenig.

Diese beiden gleichzeitigen Wirkungen haben zur Folge, daß das Schwingungszentrum des Pendels in einer unveränderlichen Entfernung vom Aufhängungspunkt gehalten wird, um somit die Gleichmäßigkeit der Schwingungsdauer zu sichern. Fig. 6 stellt das untere Ende eines Quecksilberpendels dar.

Das *Rostpendel*, auch Pendel von *Harrisson* genannt (Fig. 7), nützt die Ausdehnungsverschiedenheiten der Messing- und Stahlstangen aus.

Die Stange *a* und *b* sind Stahlstangen, die sich von oben nach unten verlängern, während die aus Messing bestehenden Stangen *c* und c_1 sich von unten nach oben verlängern. Man sieht diese Anordnung

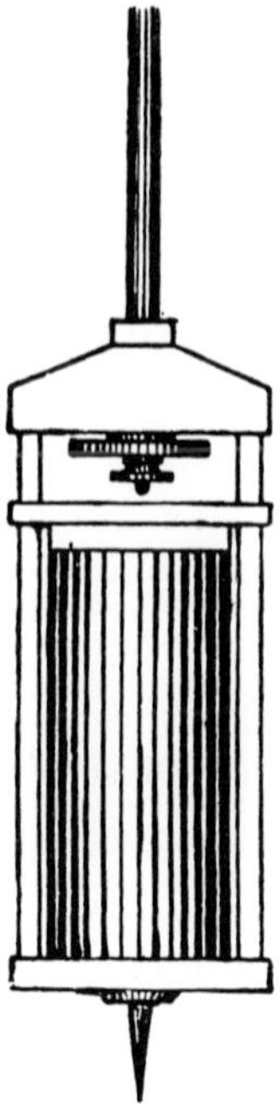

Fig. 6. Quecksilberpendel.

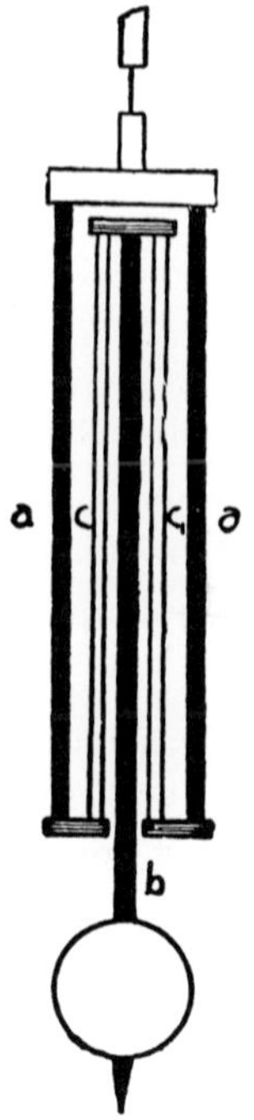

Fig. 7. Rostpendel.

noch öfters bei älteren Pendeluhren, aber in der heutigen Zeit werden keine solche mehr gebaut.

Die *Invar-Pendelstange* stellt das beste Kompensationspendel dar. Bei Präzisionspendeluhren werden deshalb heute nur solche Pendel verwendet. Seine Stange besteht aus einer Legierung von Stahl und Nickel, erfunden von Ch.-Ed. Guillaume, ehemaliger Direktor des Internationalen Büros für Maß und Gewicht in Sèvre. Diese Legierung (36,2% Nickel) hat einen sehr schwachen Ausdehnungskoeffizient und erhielt daher den Namen Invar (invariable, unveränderlich). Das mit einer Invar-Stange ausgerüstete Pendel erfordert indessen eine Linse aus gewöhnlichem Metall (Guß oder Stahl), die sich ähnlich wie das Quecksilber beim Graham-Pendel ausdehnt. Das Pendel mit Holzstange ist, richtig ausgedrückt, kein eigentliches Kompensationspendel, aber es stellt das einfachste Mittel dar, um die Wirkung der Temperaturschwankungen zu verhindern. Deren Variationen verändern die Länge einer Holzstange sehr wenig. Dagegen ist hier die Einwirkung der Feuchtigkeit ziemlich fühlbar. Man stellt diese Pendel aus sehr trockenem Fichtenholz her, das man dann mit einem die Feuchtigkeit abhaltenden Firnis überzieht. Sie ergeben für den gewöhnlichen Gebrauch gute Resultate.

Man weiß, daß die Intensität der Erdanziehung nicht an allen Punkten des Erdballes gleich ist. Sie variiert nach der Breite und der Höhenlage. Eine Pendeluhr muß daher dem Orte entsprechend, wo sie aufgestellt wird, reguliert werden. Die Länge des einfachen (theoretischen) Sekundenpendels beträgt in Le Locle genau 993,52 mm. Die Organe der Pendeluhr haben große Ähnlichkeit mit denjenigen der Uhr. Sie werden daher im vorliegenden Werk nicht besonders behandelt.

V. KAPITEL

DIE UHR

Man verwendet allgemein die Bezeichnung *Uhr* für jeden Zeitmeßapparat, der bei gehendem Werk transportiert werden kann. Der Ausdruck *Chronometer*, welcher jeden die Zeit messenden Apparat zu bezeichnen scheint, ist in Wirklichkeit nur bei Uhren von hoher Präzision berechtigt.

Der *Marine-Chronometer* ist eine Uhr von großem Format und ganz besonderer Konstruktion, versehen mit einer Anordnung, der Cardanaufhängung, die ihn stets in der gleichen Lage hält.

Man unterscheidet bei einer Uhr zwei ausgesprochen verschiedene Partien:

1. Der Mechanismus oder das Werk;
2. der Sitz dieses Mechanismus, das Gehäuse.

Das Werk einer Uhr setzt sich aus sechs Hauptteilen, nämlich aus

a) dem Regulierorgan (Gangregler),
b) der Hemmung,
c) dem Räderwerk,
d) dem Trieborgan,
e) dem Aufzieh- und Zeigerstellmechanismus,
f) dem Uhrgestell

zusammen.

VI. KAPITEL

DAS REGULIERORGAN (GANGREGLER)

Das Regulierorgan der Uhr besteht aus der Gesamtheit Unruh-Spiralfeder. Die Unruh ist ein Schwungrad mit zwei oder drei Speichen oder Schenkeln. Sie kann *einmetallisch* sein (Fig. 8). In diesem

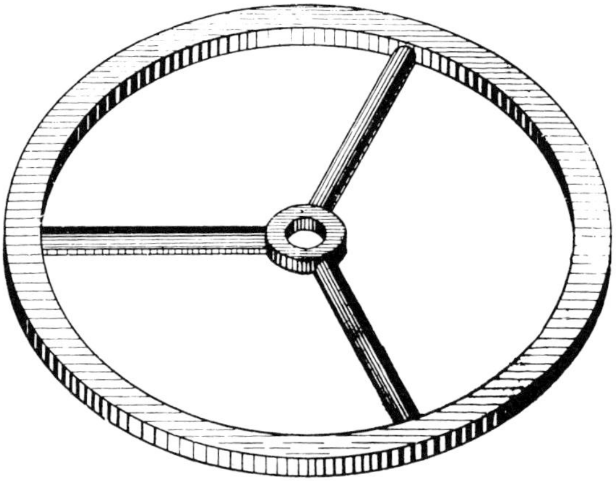

Fig. 8. Einmetallische Unruh.

Falle besteht sie oft aus Messing, manchmal auch aus Neusilber, Stahl, Nickel oder einer besondern Bronzelegierung (Glucydur-Unruh). Sie kann aber auch *zweimetallisch* sein (Fig. 9). In diesem Falle ist sie aus Stahl und Messing oder Nickelstahl und Messing zusammengesetzt. Die *Spiralfeder* ist eine lange Feder aus Metall, die meistens in Form der Archimedischen Spirale, daher ihr Name, oder dann in Form einer Wendelfeder aufgewunden ist.

Die *flache Spiralfeder* hat gleichmäßig voneinander entfernte Windungen (Fig. 10).

Die *Breguet-Spiralfeder* mit äußerer Endkurve (Fig. 11) ist eine flache Spiralfeder, dessen äußerste Windung zu zwei Drittel über die Ebene seiner übrigen Umgänge hochgebogen und gegen die Mitte zurückgeführt wird.

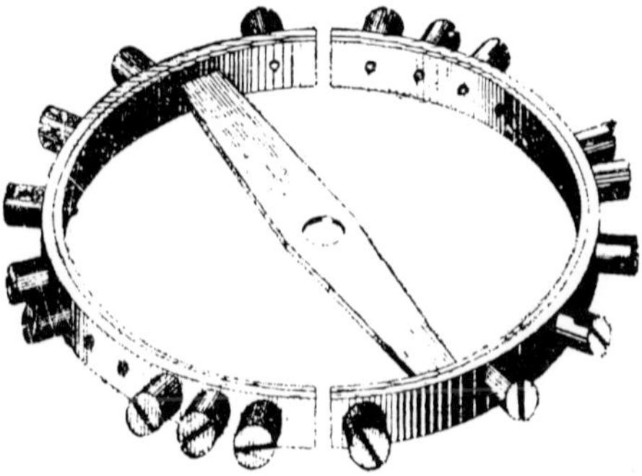

Fig. 9. Zweimetallische Unruh

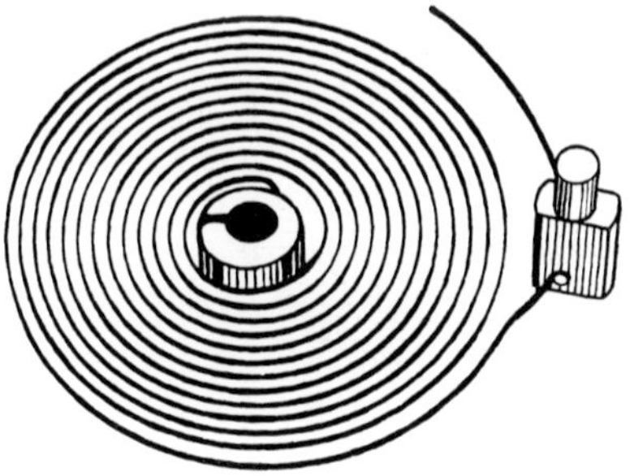

Fig. 10. Flache Spiralfeder.

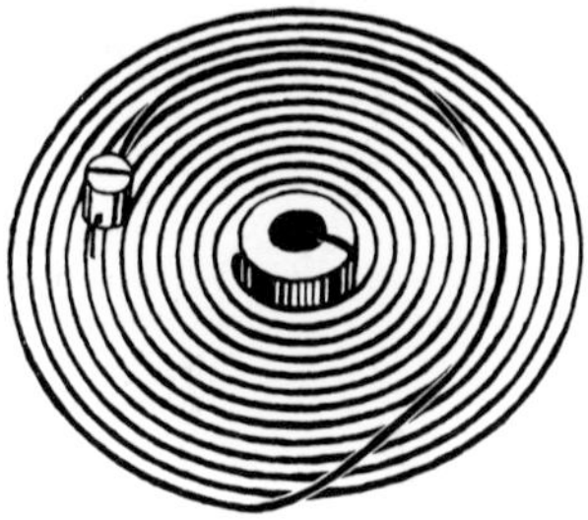

Fig. 11. Breguet-Spiralfeder.

Die *zylindrische Spiralfeder* hat die Form einer Wendelfeder und wird heute nur noch bei Marine-Chronometern angewendet (Fig. 12).

Die Spiralfeder kann aus weichem, aus naturhartem, aus gehärtetem Stahl sowie aus Bronze, Palladium, Gold, Elinvar oder einer Berylliumlegierung usw. bestehen.

Die Spiralfeder ist an ihrem innern Ende *A* (Fig. 13) vermittels der Spiralrolle *V* an der Unruh und durch das feststehende *Spiralklötzchen C* am Unruhkloben befestigt.

Wenn wir nun eine mit einer Spiralfeder versehene Unruh nehmen, sie um einen gewissen Winkelgrad drehen und dann loslassen, so wird sie durch die Spannung der Spiralfeder in ihre Ursprungsstellung zurückgeführt; die Unruh verbleibt aber nicht in dieser Gleich-

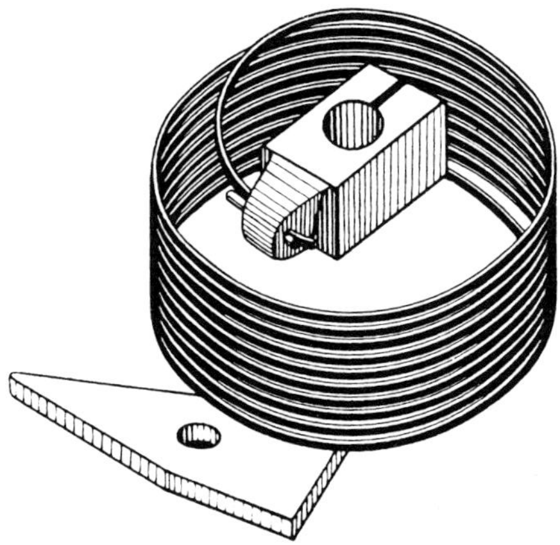

Fig. 12. Zylindrische Spiralfeder.

gewichtsstellung, sondern dank der erhaltenen Kraft setzt sie ihren Weg bis zu einer der Ursprungsstellung ungefähr symmetrischen Stellung fort. Wir sagen «ungefähr», denn zufolge der passiven Widerstände wird sie nicht ganz so weit gelangen. Hierauf setzt sich die Unruh nach der entgegengesetzten Richtung in Gang, wobei ihre Schwingungen nach und nach abnehmen bis zum vollständigen Stillstand.

(Hier setzt nun die Triebkraft ein, die vermittels des Räderwerks und der Hemmung der Unruh die Kraft wiedergibt, die sie durch die Einwirkung äußerer Widerstände verloren hat.)

Wir haben (Kapitel IV) gesehen, daß die Pendelschwingungen bei genügend kleinem Schwingungsbogen merklich isochron sind.

Nun sind die Unruhschwingungen, welches auch ihre Schwingungsweite sei, wenigstens theoretisch ebenfalls isochron. Es ist sogar vorteilhaft, einen möglichst großen Schwingungsbogen zu erzielen, denn dadurch wird die regulierende Macht der Unruh erhöht, und die Uhr ist weniger empfindlich gegen Bewegungen und Stöße von außen.

Die Kundschaft mißt mit vollem Recht der Größe der Unruhschwingungen (Schwingungsweite) eine große Bedeutung bei. Es wird oft für diese Größe der Ausdruck *Marsch* oder *Gang* gebraucht. Man sagt zum Beispiel, eine Uhr mache einen ungenügenden Gang oder ein Chronometer habe einen schönen Marsch. Die Größe der Unruh und ihr Gewicht haben eine große Bedeutung vom Gesichtspunkt der Regulier-

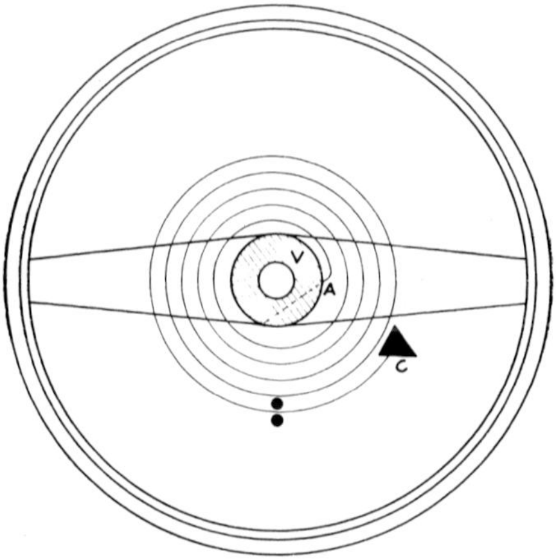

Fig. 13. Unruh und Spiralfeder.

fähigkeit aus. Eine Unruh soll grundsätzlich so groß und so schwer wie möglich sein, wobei natürlich die Spiralfeder damit im Einklang sein muß.

Die Dauer der Schwingungen hängt von den Dimensionen der Unruh und der elastischen Kraft der Spiralfeder ab.

Nachgehen wird erzeugt durch:
eine Vergrößerung der Dimensionen der Unruh, hauptsächlich des Durchmessers;
eine Vermehrung des Gewichts der Unruh;
eine Verlängerung der Spiralfeder;
eine Verminderung der Dicke oder der Breite der Spiralfederklinge;
eine Herabsetzung der Elastizität der Spiralfeder.

Entgegengesetzte Veränderungen erzeugen selbstverständlich ein Vorgehen.

Einfluß der Temperatur. Man macht die Wahrnehmung, daß eine Uhr, die nicht mit kompensierenden Organen ausgerüstet ist, in 24 Stunden 10 bis 11 Sekunden nachgeht, wenn die Temperatur um 1^0 Celsius steigt. Das Nachgehen rührt in der Hauptsache von der Elastizitätsverminderung her, die die Spiralfeder erleidet, wenn die

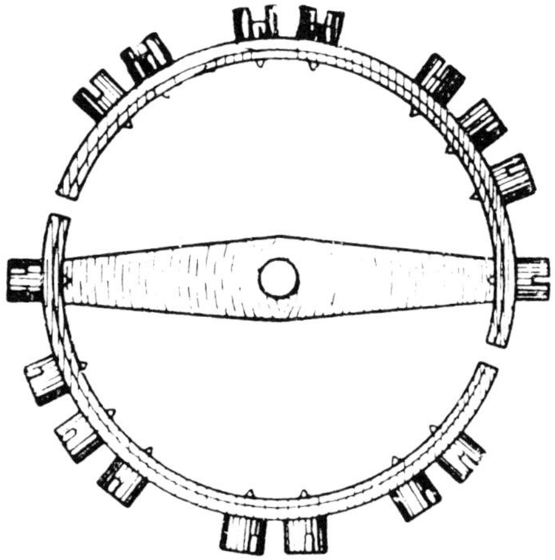

Fig. 14. Zweimetallische Unruh bei normaler Temperatur.

Temperatur steigt (alle gebräuchlichen Metalle werden tatsächlich weich, wenn man sie erwärmt). Der Einfluß der Temperaturveränderung ist daher beträchtlich, und jede Uhr, die einigermaßen auf Genauigkeit Anspruch macht, muß daher mit einer Kompensationseinrichtung versehen sein.

a) Verwendung der zweimetallischen Unruh. Der Unruhreifen (der kreisförmige Teil) ist aus zwei Metallen hergestellt, deren Ausdehnung verschieden ist und von denen das dehnbarere sich am Außenrad befindet. Man verwendet meistens Messing für den äußern und Stahl für den innern Teil. Die dem Messing und Stahl eigenen Ausdehnungskoeffizienten verhalten sich ungefähr wie 18 zu 11. Der in der Nähe des Unruhschenkels aufgeschnittene Reifen wird durch die Einwirkung einer Temperaturerhöhung nach innen gebogen; er zieht sich also zusammen, wodurch der Durchmesser der

Unruh vermindert wird, was ein Vorgehen zur Folge hat. Wenn die Uhr vollkommen ausreguliert ist, kompensiert dieses Vorgehen das durch die Elastizitätsverminderung der Spiralfeder verursachte Nachgehen. Man reguliert diese Kompensation durch das Versetzen der am Umfang des Unruhreifens angebrachten Schrauben.

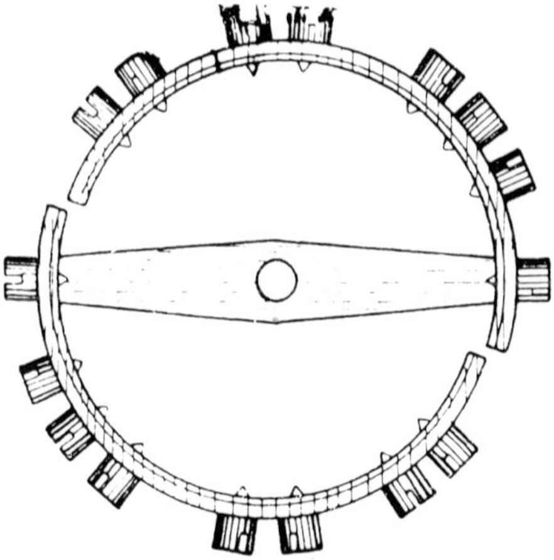

Fig. 15. Zweimetallische Unruh bei erhöhter Temperatur.

Fig. 14 stellt eine zweimetallische Unruh bei normaler Temperatur dar, Fig. 15 die gleiche Unruh bei erhöhter und Fig. 16 bei herabgesetzter Temperatur. Die Unruhen der Marine-Chronometer sind eher mit verschiebbaren Metallmassen als mit Schrauben versehen.

Man macht die Wahrnehmung, daß die mit einer Stahlspiralfeder und einer Stahl-Messing-Unruhe ausgerüstete Uhr, die in zwei extremen Temperaturen vollkommen reguliert ist, in mittlerer Temperatur vorgeht: Mit andern Worten, eine Uhr bei 4 und 32° reguliert, geht bei 18° vor. Es handelt sich hier um den *sekundären Fehler* oder die *Ungleichmäßigkeit von Dent*. Während langer Zeit hat man versucht, diesen Fehler auszumerzen; die Lösung des Problems gelang Ende des letzten Jahrhunderts und ist Ch.-Ed. Guillaume zu verdanken.

Der *Balancier Guillaume*, herrührend vom Namen seines Erfinders, oder auch *Integral-Unruh* genannt, besteht aus Nickelstahl und Messing; diese Unruh erlaubt die vollkommene Ausmerzung des sekundären Fehlers. Ihr Preis ist sehr hoch und gestattet deren Anwendung nur bei der Hochpräzisionsuhrmacherei. Sie erfordert überdies eine sehr delikate Behandlung. Der Balancier Guillaume ist von einem der

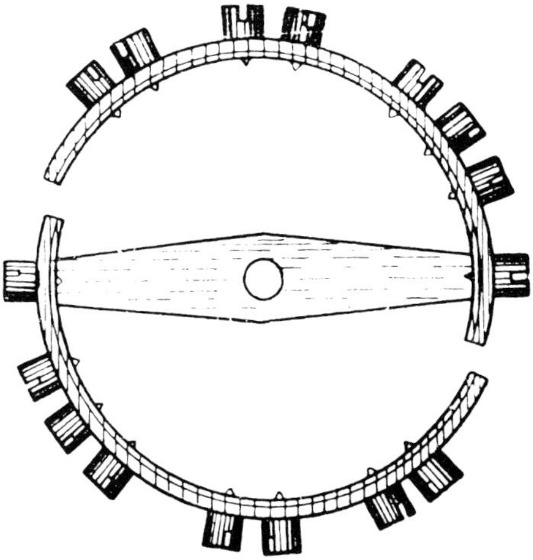

Fig. 16. Zweimetallische Unruh bei herabgesetzter Temperatur.

gewöhnlichen Unruh fast identischen Aussehen; immerhin ist der Einschnitt weiter vom Schenkel entfernt, was ein elementares Unterscheidungsmerkmal darstellt.

b) Verwendung einer Spezial-Spiralfeder. Da die durch die Temperaturschwankungen sich zeigenden Variationen der Uhr den Elastizitätsveränderungen des Spirals zuzuschreiben sind, ist es klar, daß die Verwendung eines Metalles von unveränderlicher Elastizität die Frage auf die einfachste Art löst. Man verwendet daher seit einigen Jahren die *Elinvar*-Spiralfeder. Das Elinvar ist eine Legierung, dessen Elastizität von der Temperatur unabhängig ist. Wir haben dieses Metall Ch.-Ed. Guillaume zu verdanken und seine Benennung ist aus den ersten Buchstaben der Wörter *él*asticité und *invar*iable entstanden.

Das Elinvar weist einige Nachteile auf. Es entbehrt zum Beispiel der Härte und bewirkt daher, verglichen mit der Stahlspiralfeder, eine Verminderung der Schwingungsweite der Unruh. Zwei neue Legierungen sind gegenwärtig auf dem Markte, und man verwendet *Metelinvar*- und *Durinval*-Spiralfedern, die nicht oder in nur vermindertem Maße die Mängel aufweisen, die der Elinvar-Spiralfeder anhaften.

Die in der Uhrmacherei verwendete Familie der Nickelstähle ist leider ungenügend bekannt, und es kommen daher oft Verwechslungen vor.

Das Invar oder der Nickelstahl mit 36,2% Nickel ist eine Legierung von sehr geringer Ausdehnung (es dehnt sich 14mal weniger aus als der Stahl) und wird daher für die Herstellung von Pendelstangen verwendet.

Der Nickelstahl mit 42 oder 44% Nickel wird für die Fabrikation der «Balanciers Guillaume» verwendet (Guillaume-Unruhen), die die Ausmerzung des sogenannten sekundären Fehlers fast ganz gestatten.

Das Elinvar, das Metelinvar und *das Durinval* sind Nickel-Stahl-Legierungen mit verschiedenen Zutaten und dienen der Fabrikation von Spiralfedern mit *unveränderter Elastizität.* Diese letzteren sind *selbstkompensierend* und werden nur mit einmetallischen Unruhen verwendet.

Herr Straumann hat für die Fabrikation von Spiralfedern mit unveränderter Elastizität das Beryllium oder Glucinium vorgeschlagen. Diese Spiralfedern wurden vom Erfinder mit *Nivarox* bezeichnet. Sie besitzen sehr wichtige Eigenschaften. So verursachen sie zum Beispiel keine Verminderung der Schwingungsweite und sind sehr wenig empfindlich gegen die magnetischen Einflüsse, trotzdem aber widerstandsfähig gegen atmosphärische Einwirkungen, wie Feuchtigkeit usw.

Die Verwendung der selbstkompensierenden Spiralfedern vereinfacht die Regulierung in den verschiedenen Temperaturen wesentlich, denn sie macht die stets etwas kostspielige und schwer zu behandelnde zweimetallische Unruh entbehrlich.

Dennoch bleibt für die Uhr von hoher Präzision bis zum heutigen Tage nur ein praktisch verwendbares Kompensationsmittel übrig: die Verwendung der Stahlspiralfeder und der Guillaume-Unruh.

Die flache Spiralfeder entwickelt sich nur in einer Richtung, während die *Breguet-Spiralfeder* sich konzentrisch entwickelt; die letztere wird gegenwärtig bei allen Unruhen von einigermaßen sorgfältiger Konstruktion verwendet, ausgenommen bei sehr kleinen Uhren. Die äußerste Windung der Breguet-Spirale wird *Endkurve* genannt. Die Bedingungen, die diese Endkurven erfüllen sollen, wurden durch Phillips bestimmt. Eine nach diesen Bedingungen konstruierte Endkurve trägt dazu bei, die Regulierung der Uhr in allen vertikalen Lagen zu gewährleisten, was mit der flachen Spiralfeder schwierig zu erreichen ist. Die Endkurve wird durch den Regleur oder die Regleuse ausgeführt und verteuert den Preis der Uhr etwas.

Die Spiralfeder ist stets empfindlich; ist sie aus Stahl, so ist sie der Gefahr des Rostens ausgesetzt und soll daher nie mit den Fingern berührt werden.

Die Phillips-Kurve genügt nicht, um einen vollkommenen Isochronismus zu gewährleisten. In der Präzisionsuhrmacherei verwendet man deshalb noch eine *innere Endkurve*, welche, genau gesagt, die Spiralrolle mit der Spiralfeder verbindet.

Bei allen Uhren von guter Qualität beobachtet man die Regel des sogenannten *Ansetzpunktes*, was eine gute Regulierung der Uhr in allen gewöhnlichen Lagen gestattet.

Man ist heute eher geneigt, die Verwendung der Breguet-Spiralfeder bei den Uhren von kleinem Format etwas einzudämmen, und zwar mit Recht, denn die Breguet-Spiralfeder, wenn sie klein ist, flattert leicht und verhängt sich.

VII. KAPITEL

DIE HEMMUNG

Die Hemmung ist dasjenige Organ oder die Gesamtheit der Organe, die berufen ist, dem Regulator (Pendel oder Unruh) in kleinen Dosen die Kraft zu erteilen, die er durch die Wirkung der passiven Widerstände verloren hat.

Eine Hemmung ist um so besser, je mehr Freiheit sie der Unruh läßt und je weniger sie deren Bewegung beeinträchtigt. Von ihrem guten Funktionieren hängt zu einem großen Teil der sichere Gang der Uhr und deren genaue Regulierung ab.

Es gibt unzählige Hemmungssysteme. Die einzigen jedoch, die in der modernen Taschenuhrmacherei verwendet werden, sind:

die Ankerhemmung,
die Stiftankerhemmung,
die Zylinderhemmung,
die Chronometerhemmung.

VIII. KAPITEL

DIE ANKERHEMMUNG

Die Ankerhemmung ist «die Hemmung par excellence» der kleinen oder großen Uhren von feiner oder gewöhnlicher Qualität. Sie ist robust, verhältnismäßig leicht auszuführen und von einer unverbrüchlich sicheren Funktion. Außerdem gewährleistet sie die genaueste Regulierung. Die Ankerhemmung setzt sich aus

1. *dem Ankerrad*, das auf dem letzten Mobil des Räderwerkes befestigt ist,
2. *dem Anker*,
3. *der Hebelscheibe*, die auf der Unruhachse befestigt ist und an den Bewegungen der letzteren teilnimmt,

zusammen.

Das Ankerrad ist bei Uhren von guter Qualität aus gehärtetem Stahl, bei Uhren von geringer Qualität und bei antimagnetischen Uhren aus Messing. Das Ankerrad soll leicht sein und kann, je nach der Qualität, oben und unten oder auf einer Seite ausgedreht, flach, mit ein oder zwei Abschrägungen sein. Es kann auch, wenn es flach gelassen wird, matt oder poliert sein.

Der Anker verdankt seinen Namen seiner vagen Ähnlichkeit mit einem Schiffsanker; er ist je nach Qualität

aus gehärtetem, poliertem oder mattiertem,

aus ungehärtetem und mattiertem Stahl oder aus Messing.

Wenn er aus gehärtetem Stahl ist, kann er auch «angliert», d. h. mit gebrochenen, polierten Kanten versehen sein. Der Anker trägt zwei *Paletten*, in der französischen Berufssprache *Levées* genannt.

Diese Paletten können aus

rotem Rubin (in den schönen Qualitäten),
farblosem Rubin oder Saphir und
Granat (in den Mittelqualitäten)

hergestellt sein. Der Granat wird aber immer weniger verwendet. Die Paletten wurden früher bei den ganz ordinären Qualitäten auch aus gehärtetem Stahl angefertigt.

Die Hebelscheibe (Plateau) ist *einfach* oder *doppelt.* In der schweizerischen Uhrmacherei wird heute, mit Ausnahme einiger Sonderfälle, nur die doppelte Hebelscheibe (Doppelplateau) verwendet. Sie kann aus Stahl oder Messing sein. Die Hebelscheibe trägt einen Bolzen oder Stift, der in der französischen wie in der deutschen Werkstattsprache seiner früheren Form wegen *Ellipse* genannt wird. Dieser Hebestift ist aus Rubin, Saphir oder Granat, bei den ganz ordinären Qualitäten sogar nur aus Stahl hergestellt.

Die Ankerhemmung ist mit *sichtbaren Hebesteinen (levées visibles)* versehen, wenn die Paletten senkrecht zur Ebene des Ankers eingefügt sind. Sie können daher, wenn man das Uhrwerk von oben betrachtet, leicht gesehen werden. Wenn diese Paletten von dem Metall, das sie festhält, vollständig verdeckt sind, nennt man dies Hemmung mit *verdeckten Paletten (levées couvertes).* Die Hemmung mit sichtbaren Hebesteinen ist die einzige heute in der Schweiz angewendete.

Die Ankerhemmung funktioniert wie folgt (Fig. 17):

Im Ruhezustand (Stillstand des Räderwerkes) lehnt sich ein Zahn des Ankerrades gegen eine der Paletten des Ankers; es ist dies die in der Abbildung dargestellte Stellung. Wenn die Unruh sich in der Pfeilrichtung dreht, kommt der Hebestift, der an dieser Bewegung teilnimmt, mit dem Anker an seinem Einschnitt genannten Teil in Berührung und dreht ihn um einen gewissen Winkelgrad, was die Freimachung des Rades zur Folge hat. Dieses setzt sich seinerseits in Bewegung, und der gleiche Zahn d_1 teilt, indem er gleichzeitig auf die Palette einwirkt, seinen Impuls dem Anker mit. Der Anker seinerseits gibt vermittels des Hebestiftes der Unruh einen Impuls. Diese setzt ihre Bewegung fort, während ein anderer Zahn des Ankerrades bei der zweiten Palette auf Ruhe fällt. Die gleichen Funktionen beginnen

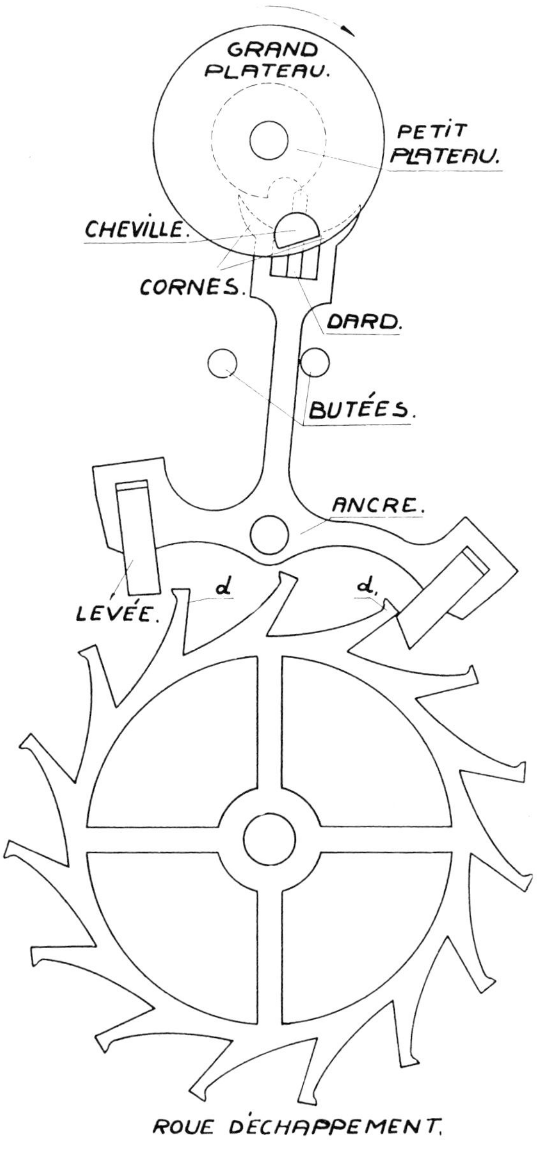

Fig. 17. Ankerhemmung.

von neuem im umgekehrten Sinne und so weiter. Die erste Palette nennt sich *Eingangspalette* (levée d'entrée), die andere *Ausgangspalette* (levée de sortie).

Die *kleine Scheibe, das Messer* und *die Hörner* dienen dazu, den sogenannten Ausschwung zu verhüten, ein Vorfall, der zufolge eines Stoßes oder beim Zeigerstellen eintreten kann.

Die Begrenzungsstifte dienen zur Begrenzung der Bewegung des Ankers. Die Ankerhemmung gestattet eine sehr genaue Regulierung der Uhr, da sie die Unruh den größten Teil ihrer Schwingung frei ausführen läßt. Die Gesamtheit der drei Organe der Hemmung: Ankerrad, Anker und Hebelscheibe werden in der Berufssprache mit *Assortiment* bezeichnet. Das *Anker-Assortiment* wird allgemein durch Spezialfabriken geliefert. Der Mittelpunkt für diese Fabrikation befindet sich hauptsächlich in Le Locle. Die gute Ausführung und die Regelmäßigkeit des Assortiments sind von größter Wichtigkeit, sowohl für die Qualität der Uhr wie für die Erleichterung ihrer Fertigstellung. Der Preis des Assortiments erhöht sich mit dem Kleinerwerden seiner Ausmaße. Es ist daher begreiflich, daß man heute mit Vorliebe für die kleinen Uhren verhältnismäßig zu große Assortimente verwendet.

Die Kundschaft legt oft großen Wert darauf, daß die Uhr, sobald man mit dem Aufziehen beginnt, sich sofort in Bewegung setzt, ohne vorher noch geschüttelt werden zu müssen. Diese Eigenschaft ist keineswegs ein sicheres Merkmal für die Qualität der Uhr, aber diese Gewohnheit ist bei der Kundschaft dermaßen eingewurzelt, daß der Fabrikant diesem Umstand Rechnung tragen muß. Eine gute Ausführung und eine tadellose Einstellung der Hemmung sind jedoch unbedingt erforderlich, damit die Uhr «von selbst anläuft», wie man zu sagen pflegt.

Die Stiftankerhemmung. Diese Hemmung ist eine besondere Form der Ankerhemmung. Die Hebesteine sind hier durch Stahlstifte ersetzt. Diese Hemmung ist robust und billiger als die Ankerhemmung mit Paletten, die *Schweizer Hemmung* genannt wird. Sie wurde bisher kaum anderswo verwendet als bei den Weckern und Taschenuhren des *Roskopf*-Systems. Heute verwendet man sie bei den verschiedensten Uhrensorten, selbst bei solchen ganz kleinen Formats. Die Stiftankerhemmung (Fig. 18) kann **auf keinen Fall** darauf Anspruch machen, die Ankerhemmung zu ersetzen, auch nicht bei Uhren mittlerer Qualität, denn ihr haftet der Nachteil an, das Öl schlecht zu halten. Wenn sie

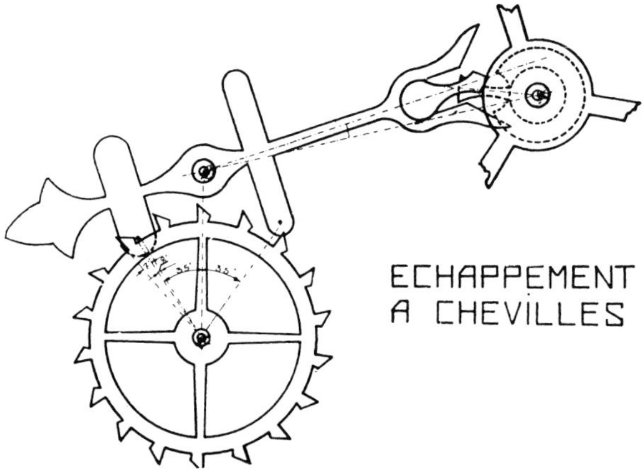

Fig. 18. Stiftankerhemmung.

aber gut ausgeführt ist, kann sie indessen interessante Ergebnisse erzeugen. Sie ist der *Zylinderhemmung*, die durch sie immer mehr ersetzt wird, überlegen.

IX. KAPITEL

DIE ZYLINDERHEMMUNG

Die hauptsächlichsten Vorteile dieser Hemmung sind:

ihre Robustheit,
ihr sicheres Funktionieren trotz gewisser Mängel in der Ausführung,
ihr verhältnismäßig niedriger Preis,
die Leichtigkeit ihrer Herstellung und Fertigmachung.

Der größte Nachteil, der ihr anhaftet, ist der, daß sie bei der Uhr, bei welcher sie Anwendung gefunden hat, keine genaue Regulierung gewährleistet. Die Zylinderhemmung setzt sich aus

1. dem *Zylinder*, woher auch ihr Name, und
2. dem *Hemmungsrad* oder *Zylinderrad*

zusammen.

Der Zylinder (Fig. 19) ist ein hohles, mit zwei Einschnitten versehenes rundes Stahlstück. Die Ränder der Einschnitte werden *Lippen* genannt. Die erste oder äußere Lippe, auf welche der Zahn des Zylinderrades von außen einwirkt, heißt *Eingangslippe*, während die andere *Ausgangslippe* genannt wird.

Auf dem stehengebliebenen Teil des Zylinders ist ein Stück Messing aufgetrieben, *Putzen* genannt, auf den die Unruh und die Spiralrolle zu sitzen kommen. Im Innern des Zylinders sind *zwei Spunde* befestigt, welche die Zapfen tragen.

Die Zähne des Zylinderrades befinden sich auf einer erhöhten Ebene parallel zur Radfläche, wie die Abbildung dies darstellt. Diese Zähne weisen gleich denjenigen des Ankerrades geneigte Flächen, sogenannte Hebeflächen auf, die dazu bestimmt sind, auf die Lippen des Zylinders einzuwirken.

Die Funktion der Zylinderhemmung hat im Prinzip einige Ähnlichkeit mit der Ankerhemmung, wenn man die abwechselnde Wirkung

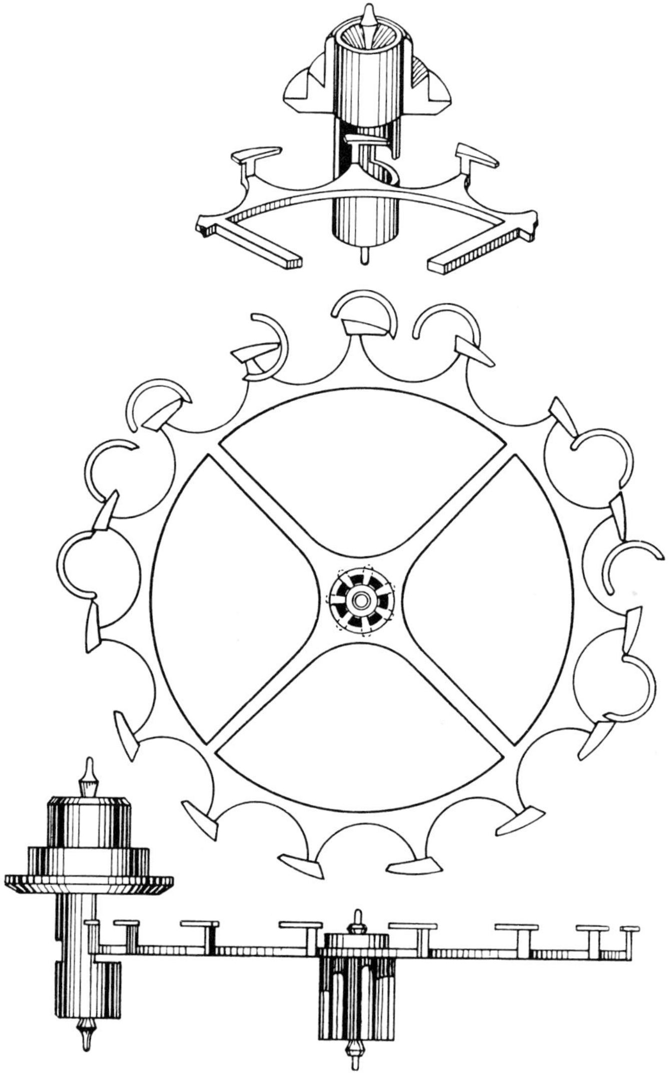

Fig. 19. Zylinderhemmung.

des Zylinderrades auf jede der beiden Zylinderlippen betrachtet. Unter der Einwirkung der motorischen Kraft dreht sich das Zylinderrad in der Zeigerrichtung, und der Zahn gibt vermittels seiner Neigungsfläche einen Impuls ab, zuerst auf die Eingangslippe, wodurch er eine drehende Bewegung des Zylinders und der auf ihm sitzenden Unruh bewirkt. Dieser gleiche Zahn kommt hernach auf die Innenseite des Zylinders aufzuliegen, während dieser zufolge der erlangten Geschwindigkeit seine Drehung fortsetzt. Beim Rücklauf wirkt die Neigungsfläche des gleichen Zahnes auf die Ausgangslippe und der folgende Zahn fällt auf die äußere Wandung des Zylinders. Dieser Zahn gibt hernach wieder einen Impuls auf die Eingangslippe und so fort.

Man wird bemerken, daß bei dieser Hemmung das Rad sich ständig in Berührung mit dem Zylinder befindet, und daß dies eine reibende Berührung ist. Dadurch übt das Zylinderrad eine ständige Bremsung auf die Bewegung der Unruh aus.

Dies ist einer der hauptsächlichsten Fehler der Zylinderhemmung. Ein anderer großer Fehler ist die notwendigerweise sehr kleine Schwingungsweite.

Die Zylinderhemmung wird nie mit einer Kompensationsunruh oder einer Breguet-Spiralfeder ausgestattet.

Die Zylinder-Assortimente (Zylinder und Zylinderrad) werden in Frankreich (Region von Maîche) fabriziert sowie auch in Le Locle und in den Freibergen.

Man ersetzt je länger je mehr die Zylinderhemmung durch die Stiftanker- oder Ankerhemmung.

X. KAPITEL

DIE CHRONOMETERHEMMUNG

Dieser Mechanismus (Fig. 20) wird fast nur noch bei den Marine-Chronometern angewendet. Er ist kostspielig und empfindlich, erfordert eine tadellose Ausführung und eignet sich nicht für Serienfabrikation.

Es ist übrigens eine ausgezeichnete Hemmung, welche, bei guter Ausführung, die genaueste Regulierung ermöglicht.

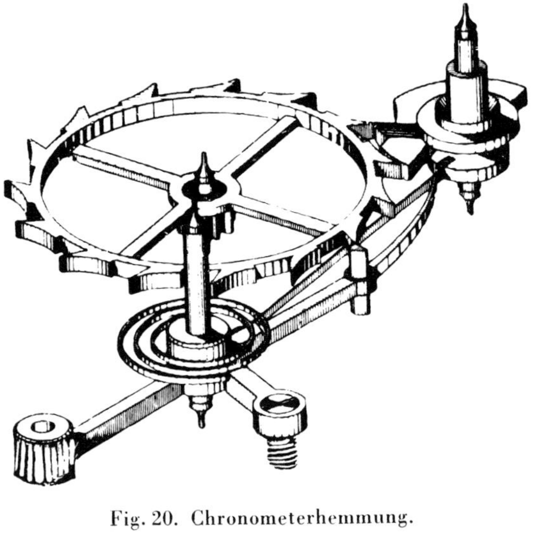

Fig. 20. Chronometerhemmung.

Die Chronometerhemmung gibt der Unruh nur bei jeder Schwingung einen Impuls (die Ankerhemmung gibt deren zwei). Man erkennt das Vorhandensein dieser Hemmung an ihrem charakteristischen «Tick-tack», ein Schlag stark, ein Schlag schwach, das sie hören läßt.

XI. KAPITEL

DAS RÄDERWERK

Die Federkraft wird der Hemmung durch ein Aufeinanderfolgen von gezahnten *Rädern* und *Trieben*, die ineinandergreifen, übermittelt.

Man nennt öfters ein Rad und das dazugehörige Trieb ein *Mobil* (beweglicher Teil).

Der erste Bestandteil des *Räderwerks* ist das *Federhaus*, das die Zugfeder einschließt. Das Federhaus dreht sich verhältnismäßig langsam; es macht 4 bis 7 Umdrehungen in 24 Stunden. Das letzte Mobil des Räderwerks, das Hemmungsrad, macht allgemein 10 Umdrehungen in der Minute.

Das Räderwerk vervielfacht so seine Geschwindigkeit. Nach einem bekannten Grundsatz vermindert es demzufolge seine Kraft. Die durch das Hemmungsrad erhaltene Kraft ist daher sehr gering, was übrigens zufolge der Kleinheit und der Zerbrechlichkeit der Hemmungsorgane eine Notwendigkeit ist.

Gewisse Organe des Räderwerks sind Träger der *Zeiger* und müssen sich daher mit einer ganz bestimmten Umdrehungsgeschwindigkeit bewegen; andere Mobile dienen lediglich als Zwischenglieder.

Die Räder werden allgemein aus Messing und die Triebe aus Stahl hergestellt. Die Räder sind auf die Triebe aufgetrieben oder aufgenietet und bilden zusammen ein Ganzes. Die Vorsprünge an den Rädern nennt man Zähne, diejenigen an den Trieben heißen in der Werkstattsprache *Flügel*. Die Triebe tragen *Zapfen*. Die Zapfen sind die Endteile der Triebe; ein jedes weist deren zwei auf. Die Frage der Zapfen wird in dem den Steinen gewidmeten Kapitel noch besonders behandelt.

Das *Federhaus* ist das erste Mobil des Räderwerks; in ihm befindet sich die Zugfeder. Es greift in das *Mittelradtrieb* ein, das seinerseits das *Mittelrad* trägt. Diese Bestandteile nehmen allgemein die Mitte des Uhrwerkes ein, daher ihr Name. In den Werkstätten nennt man sie landläufig *Großbodenrad* und *Großbodenradtrieb*. Man bezeichnet oft unter dem allgemeinen Namen «Rad» das Rad mit dem darauf genieteten Trieb. Das Mittelradtrieb trägt indirekt den Minutenzeiger (siehe nächstes Kapitel), der eine Umdrehung in der Stunde auszuführen hat.

Das Mittelrad greift in das *Zwischentrieb*, welches das Zwischenrad trägt, ein. Das Zwischenrad und das Zwischentrieb, in der Werkstattsprache *Kleinbodenrad* genannt, dienen als Zwischenglied zwischen Mittelrad und Sekundentrieb.

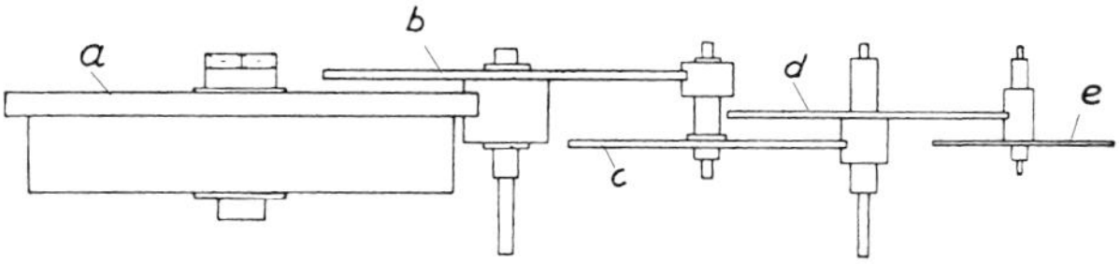

Fig. 21. Das Räderwerk im Aufriß.

Das *Sekundenrad*, in französischer Sprache auch *roue de champ* genannt, ist auf das *Sekundentrieb* aufgesetzt. Dieses letztere trägt auf seinem Zapfen den Sekundenzeiger, wenn die Uhr einen solchen aufweist und muß daher in der Minute eine Umdrehung machen. Wenn die Uhr die Sekunden anzeigt, trägt das Trieb einen langen, dünnen Zapfen. Das Sekundenrad greift in den Hemmungsradtrieb ein, das das Rad gleichen Namens trägt.

Fig. 21 stellt das Räderwerk einer Uhr im Aufriß dar; *a* ist das Federhaus, *b* das Mittelrad, *c* das Zwischen- oder Kleinbodenrad, *d* das Sekundenrad und *e* das Hemmungsrad. Die Anordnung dieser Bestandteile kann natürlich wechseln, allein die auf der Abbildung dargestellte ist die gebräuchlichste.

Gewisse acht Tage gehende Uhren besitzen noch ein weiteres Rad, das zwischen dem Federhaus und dem Mittelrad seinen Platz hat, und *Beisatzrad* oder *Achttagerad* genannt wird.

Die Uhren vom Typ Roskopf haben ein besonderes Räderwerk, das ein Rad weniger aufweist als das Räderwerk der gewöhnlichen Uhren.

XII. KAPITEL

DAS ZEIGERWERK

Im Mittelpunkt des Zifferblattes befindet sich der Stundenzeiger, der sich konzentrisch mit dem Minutenzeiger dreht. Der Stundenzeiger macht eine Umdrehung, während der Minutenzeiger deren zwölf macht. Die Organe des Zeigerwerkes haben die Aufgabe, die Bewegungen des Minutenzeigers auf den Stundenzeiger zu übertragen.

Das Zeigerwerk (Fig. 22) besteht aus dem *Viertelrohr A* (französisch «Chaussée»), einer Art durchbohrtem Trieb, das mit «satter Reibung» auf einer Verlängerung des Mittelradtriebes aufgepaßt ist (das Viertelrohr trägt den Minutenzeiger), ferner aus dem *Wechselrad B* und dessen Trieb, dem *Wechselradtrieb C* und dem *Stundenrad D* (im Französischen seines verhältnismäßig großen Rohres wegen «*Canon*», Kanonenrohr, genannt). Das Stundenrad ist freigehend auf dem Viertelrohr aufgepaßt.

Das Viertelrohr nimmt das Wechselrad, mit dem es im Eingriff steht, mit. Dieses letztere versetzt vermittels seines Triebes das Stundenrad und dadurch auch den Stundenzeiger in Umdrehung.

Das Viertelrohr ist auf der Welle des Mittelrades *mit satter Reibung* aufgepaßt, damit das erstere während dem Gang der Uhr an der Bewegung des letzteren teilnehmen kann, ihm indessen die Möglichkeit gelassen ist, sich bei der Zeigerstellung frei zu bewegen. Diese Zeigerstellung geschieht in der Regel durch Übermittlung einer drehenden Bewegung auf das Wechselrad. Wir werden hierüber anläßlich der Behandlung der Aufzieh- und Zeigerstellmechanismen sprechen.

Die satte Reibung des Viertelrohres auf der Verlängerung der Mittelradwelle wird durch die Anordnung mit dem sogenannten Laternen-Viertelrohr erreicht, wie dies aus Abbildung 22 ersichtlich ist.

Die Welle des Mittelradtriebes weist eine Eindrehung auf; das Viertelrohr, das in der Mitte eine breitere und tiefere Eindrehung hat, ist innen mit zwei Wulsten versehen, welche der Eindrehung an der

Welle entsprechen. Der so geschaffene elastische Druck genügt zur Erzeugung der für die Mitführung des Viertelrohres notwendigen satten Reibung für die Zeigerstellung.

Der in die Nute eindringende Wulst hindert anderseits das Viertelrohr daran, sich von selbst aus der ihm angewiesenen Stellung zu lösen: die Funktion gleicht im ganzen genommen derjenigen des Druckknopfes.

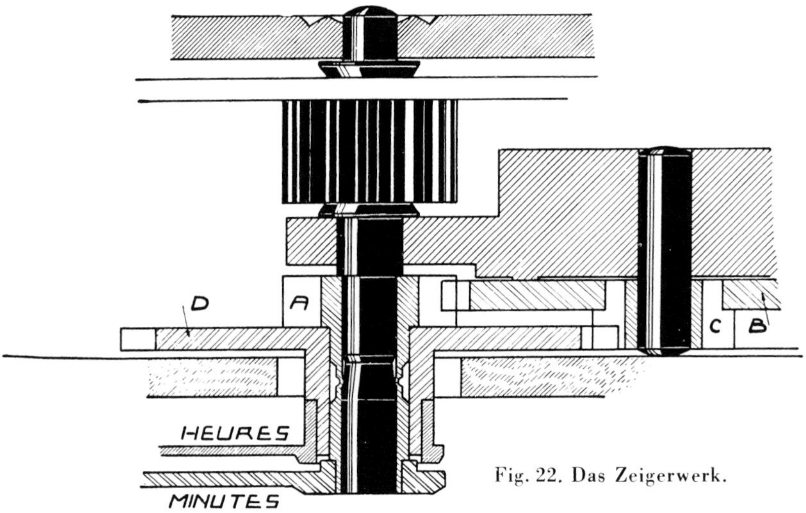

Fig. 22. Das Zeigerwerk.

Beim System des *Zeigerstiftes* (Chevillot) ist das Mittelradtrieb der ganzen Länge nach durchbohrt. In dasselbe ist, ebenfalls mit satter Reibung, ein Stahlstift, *Zeigerwelle* genannt, eingepaßt.

Dieses System findet nur noch bei den Schlüsseluhren, wo es unentbehrlich ist, sowie bei gewissen Penduletten Verwendung. Bei den Schlüsseluhren endigt das hintere, den Zeigern entgegengesetzte Ende der Zeigerwelle in einem Vierkant. Die Zeigerstellung erfolgt durch Drehen der Zeigerwelle vermittels des Uhrschlüssels. Es ist schwierig, *das Zeigerwerk mit Zeigerwelle* in Serienarbeit herzustellen, da die Zeigerstellung weniger weich wird. Außerdem muß beim Zerlegen des Uhrwerkes die Zeigerwelle mittels des Hammers aus dem Viertelrohr herausgeschlagen werden, was immer eine gewisse Gefahr für die Steine bedeutet. Bei diesem System sitzt der Minutenzeiger direkt auf der Zeigerwelle.

XIII. KAPITEL

DER MOTOR

Bei der Uhr wird die motorische Kraft durch die *Zugfeder*, auch einfach *Feder* genannt, geliefert.

Die Feder ist im *Federhaus*, dem ersten Mobil des Räderwerkes, eingeschlossen. Das Federhaus ist eine zylindrische Kapsel *A* (Fig. 23),

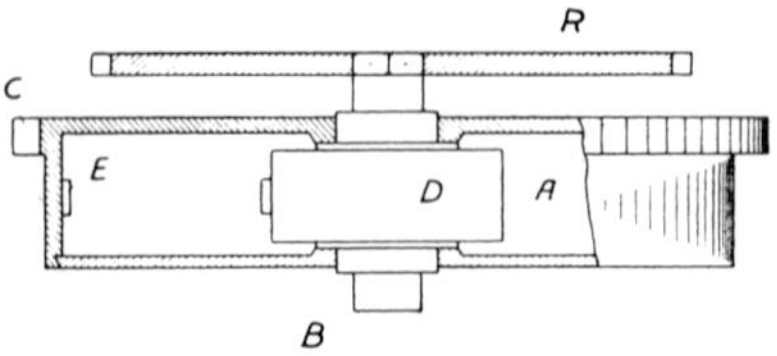

Fig. 23. Das Federhaus.

die vom *Federhausdeckel* abgeschlossen wird und auf der *Federhauswelle B* frei läuft. Dasselbe ist mit einer Zahnung *C* versehen, die in das Mittelradtrieb eingreift.

Die Feder ist ein langes, in Form einer Archimedischen Spirale aufgerolltes Stahlband. Die Feder muß aus Stahl von guter Qualität hergestellt, sorgfältig gehärtet und entsprechend angelassen sein. Wenn die Qualität der Feder zu wünschen übrig läßt, können zwei Dinge vorkommen:

1. Die Feder bricht nach kurzer Zeit, was natürlich das vollständige Stillstehen der Uhr zur Folge hat.

2. Die Feder *erlahmt*, das heißt sie verliert rasch ihre elastische Kraft und verleiht der Unruh eine nur ungenügende Schwingungsweite, wodurch die Regulierung der Uhr gefährdet wird.

Die Feder ist an ihrem innern Ende am *Federkern D* festgemacht, der mit der Federhauswelle aus einem Stück besteht. An ihrem äußern Ende ist sie an einem im Innern des Federhauses befestigten Haken *E* angehängt.

Wenn man die Uhr aufzieht, wird die Feder durch die sich drehende Federhauswelle um den Federkern herum aufgewunden. Diese Umdrehungsbewegung wird bei den Schlüsseluhren durch die Tätigkeit des Schlüssels direkt, bei den Uhren mit Bügelaufzug durch eine Folge von Eingriffen indirekt erreicht.

Bei beiden Systemen trägt die Federhauswelle ein gewöhnlich aus Stahl bestehendes, gezahntes Rad *R*, *Sperrad* genannt (Fig. 23).

In die Verzahnung des Sperrades greift der *Sperrkegel* ein, welcher die Bewegung der Federhauswelle nur in einer Drehrichtung, und

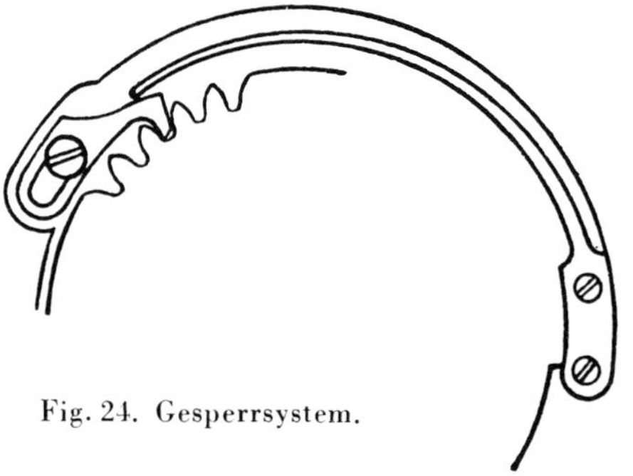

Fig. 24. Gesperrsystem.

zwar in derjenigen des Aufziehens gestattet. Der Sperrkegel wird ständig in die Zahnlücken des Sperrades durch die in Fig. 24 dargestellte *Sperrfeder* zurückgeführt; es ist dies eines der heute unzählig vorkommenden Gesperrsysteme.

Während des Gehens der Uhr bleibt die Federhauswelle unbeweglich, und die sich abrollende Feder zieht das Federhaus in umdrehender Bewegung mit sich. Es ist klar, daß die Zahl der Umgänge, die das Federhaus während des Gehens der Uhr macht, gleich derjenigen der Umdrehungen ist, die man die Federhauswelle beim Aufziehen ausführen läßt.

Eine heute fast gänzlich aufgegebene Einrichtung ist die sogenannte *Stellung* (arrêtage), die die Spannung der Feder zwischen zwei Punkten und dadurch die Anzahl der Federumgänge begrenzte. Ein modern gebautes Gesperr soll dem Sperrad einen gewissen Rücklauf gestatten, der dazu bestimmt ist, das sogenannte *blockierende* Aufziehen der Feder und damit eine momentane Überspannung derselben zu verhindern.

Die Uhrfeder arbeitet immer sehr nahe ihrem Bruchpunkt, weshalb ihre Dimensionen sehr sorgfältig bestimmt werden müssen. Man sucht natürlich ein Maximum an Leistung sowie an Sicherheit zu erhalten. Man hat versucht, Federn aus Beryllium-Bronze herzustellen: heute verwendet man mit Erfolg Federn mit krummlinigem Profil (Cross Curver).

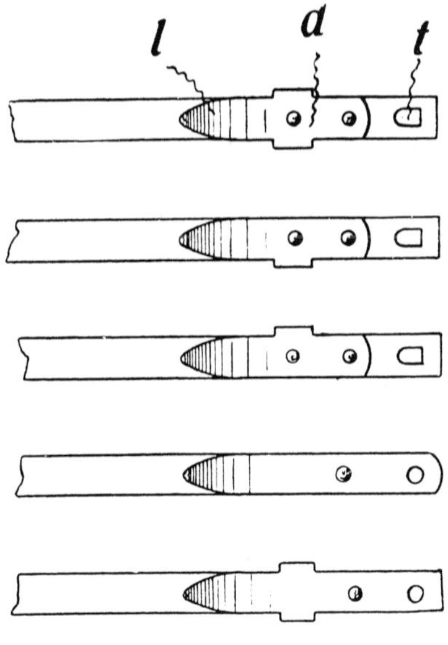

Fig. 25. Federzäume.

Man kann sowohl dem Fabrikanten wie dem Uhrmacher nicht genug empfehlen, nur Federn erster Qualität zu verwenden. Die Richtung der Kurve der *rückwärts umgebogenen Feder* (ressort renversé) ist vor deren Einsetzen ins Federhaus derjenigen der ihr nachher aufgenötigten Kurve entgegengesetzt.

Eine Feder soll sich im Federhaus so regelmäßig und frei als nur möglich entwickeln können. Um diese Entwicklung gewährleisten zu können, versieht man wenigstens bei Uhren von guter Qualität die Feder immer mit einem besonderen Zaum (Bride). Es existieren von letzterem eine Menge Systeme, von denen eine ganze Anzahl ihren Zweck sehr gut erfüllen. Fig. 25 zeigt einige Modelle von diesen Federzäumen.

XIV. KAPITEL

DIE AUFZIEH- UND ZEIGERSTELL-MECHANISMEN

Bei den alten Uhren, *Schlüsseluhren* genannt, wurde das Aufziehen durch direktes Drehen der Federhauswelle vermittels eines *Vierkantschlüssels* besorgt. Der gleiche Schlüssel diente gleichzeitig dazu, die Zeigerwelle, die die Zeiger einstellt, zu betätigen. Diese Operation erforderte ein häufiges Öffnen des Gehäuses, was dem Eindringen von Staub guten Vorschub leistete und den Besitzer der Uhr nötigte, stets einen Schlüssel zur Hand zu haben.

Bei den modernen Uhren vollzieht sich das Aufziehen und das Stellen der Zeiger durch ein Zusammenspiel von besonderen Werkteilen, *Aufzieh- und Zeigerstellmechanismen* genannt. In der Werkstattsprache werden diese oft einfach *Mechanismus* genannt.

Bei den Aufzieh- und Zeigerstellmechanismen gibt es unzählige, voneinander verschiedene Kombinationen.

Die hauptsächlichsten Bestandteile eines gebräuchlichen Systems sind:

Die Aufzugskrone oder einfach *Krone* genannt, eine Art geripptem Knopf, der sich außerhalb des Gehäuses befindet und den man mit Daumen und Zeigfinger betätigt,

die Aufzugswelle, auf welcher die Krone befestigt ist,

das Zeigerstelltrieb, das wegen seiner Eindrehung auch Rainurerad genannt wird und

das Aufzugstrieb (pignon de remontoir, auch pignon de transmission). Zeigerstelltrieb und Aufzugstrieb werden von der Aufzugswelle getragen.

Das Kronrad (roue de couronne) mit seinem

Kern, Kronradkern genannt (noyau de couronne). Das Kronrad steht einerseits im Eingriff mit dem Aufzugstrieb und anderseits mit dem Sperrad.

Das Übersetzungsrad (renvoi), das einenteils in das Zeigerstelltrieb und andernteils in das Wechselrad eingreift. Eine große Menge Uhren besitzen zwei Übersetzungsräder, die dann das erste und das zweite Übersetzungsrad genannt werden. Als erstes bezeichnet man dasjenige, das in das Zeigerstelltrieb eingreift.

Ein solcher Mechanismus umfaßt auch noch ein Spiel von Hebeln und Druckfedern, so den *Stellhebel* (tirette), die *Wippe* (bascule), die

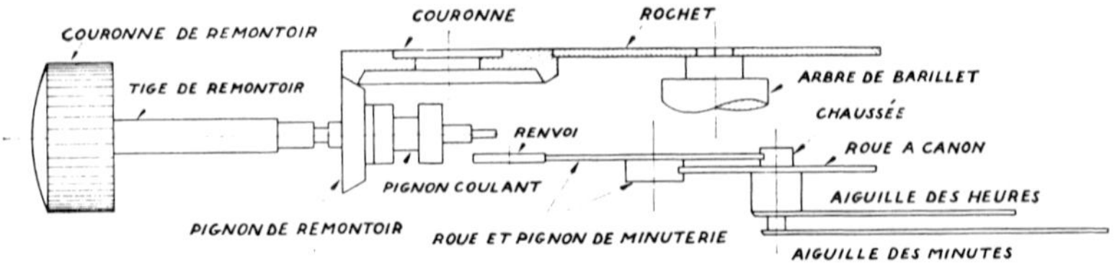

Fig. 26. Aufzugsmechanismus im Aufriß.

Wippenfeder (ressort de bascule), die *Stellhebelfeder* (sautoir oder ressort de tirette) usw., welche dazu bestimmt sind, den Übergang von der Aufziehstellung in diejenige der Zeigerstellung zu sichern.

Das Zeigerstelltrieb ist auf dem Vierkant der Aufzugswelle aufgepaßt; es kann sich auf dieser nicht drehen, dagegen kann es sich darauf in der Längsrichtung bewegen. Es verbindet auf diese Weise die Aufzugswelle mit dem Aufzugstrieb und gleichzeitig die Aufzugswelle auch mit dem Übersetzungsrad. Die erste Kombination ermöglicht das Aufziehen, die zweite die Zeigerstellung. Diese in der Längsrichtung vorsichgehende Verschiebung des Zeigerstelltriebes erfolgt durch eine äußere Einwirkung. Die Form, unter welcher diese erfolgt, bildet die Unterscheidung der Systeme der Mechanismen.

Bei den *Mechanismen mit Drücker* (mécanisme à poussette) erfolgt die Zeigerstellung durch Druck des Fingernagels auf einen im Gehäuserand befindlichen beweglichen Drücker; es genügt dann, die

Krone zu drehen, um die Zeiger zu stellen. Sobald man den Drücker losläßt, nimmt der Mechanismus von selbst seine Stellung «Aufziehen» wieder ein. Der Drückermechanismus ist der einfachste und sicherste. Er hat nur den Nachteil, daß er das Anlöten eines besonderen Stückes, des sogenannten «Olivette», am Gehäuserand nötig macht, und daß er gewissermaßen das Einpassen des Werkes in das Gehäuse kompliziert. Der Drückermechanismus kann bei den Armbanduhren nicht angewendet werden, denn er würde den Träger der Uhr nötigen, letztere vom Arme wegzunehmen, um die Zeiger zu stellen. Das Drückersystem ist übrigens sozusagen ganz aufgegeben worden, selbst auch bei der Taschenuhr.

Bei den Uhren, die mit einem *Riegelmechanismus* (mécanisme à targette), auch *Innenzeigerstellung* genannt, versehen sind, erfolgt das Stellen der Zeiger durch Betätigung eines Hebels, *Riegel* genannt (französisch targette), der bei geschlossenem Gehäuse unter dessen Deckel verborgen ist. Dieses System findet nur bei Sprungdeckeluhren (savonnettes) Anwendung, bei denen das Uhrglas von einem Sprungdeckel bedeckt ist.

Der Riegel soll seine Ursprungsstellung von selbst wieder einnehmen, wenn man diesen Deckel schließt. Man kann daher die Uhr nicht durch Unachtsamkeit auf Zeigerstellung belassen, wie dies der Fall sein kann bei dem System, das wir nachstehend beschreiben werden. Die Riegelzeigerstellung erfordert ein sehr sorgfältiges Einpassen des Werkes in das Gehäuse; sie wird heute sehr wenig mehr angewendet.

Bei den Uhren mit *Ausziehzeigerstellung* (mécanisme à tirage) erfolgt das Stellen der Zeiger durch Drehen der Krone, nachdem diese vorher etwas herausgezogen worden ist. Dieses System ist das am meisten verbreitete. Es findet ohne Unterschied Anwendung bei den gewöhnlichen Uhren wie bei denen mit Sprungdeckel (savonnettes), bei Taschen- und Armbanduhren. Dieser Mechanismus erfordert keine besonderen Vorkehrungen bezüglich des Einbaus des Werkes in das Gehäuse. Obschon weniger einfach als der Drückermechanismus, funktioniert er zuverlässig, wenn er gut ausgeführt ist.

Es kommt manchmal, namentlich bei kleinen Uhren, vor, daß sich die Aufzugswelle vollständig löst, das heißt ganz herausgezogen wird und dem Besitzer der Uhr in den Fingern bleibt, wenn er die Zeiger stellen will. Das rührt von einem leider nur allzuoft vorkommenden Fehler in der Ausführung her.

Endlich kommt es auch vor, daß der Besitzer der Uhr vergißt, die Krone zurückzustoßen, nachdem er die Zeiger gestellt hat. Das bewirkt ein Stillestehen oder zum mindesten Störungen im Gange der Uhr.

Der «negative Zeigerstellung» genannte Mechanismus ist eine Form des Ausziehmechanismus und wird besonders in Amerika oder in Uhren, die für dieses Land bestimmt sind, angewendet. Er ermöglicht ein leichtes Auswechseln des Werkes oder des Gehäuses und gestattet zum Beispiel einem Kunden, das Werk und das Gehäuse separat nach seinem Geschmack auszuwählen. Theoretisch kann das Zusammenbauen sofort erfolgen. Ein Teil der Organe des Mechanismus ist im Gehäuse selbst untergebracht, nämlich im Bügelknopf. Dieser negative Mechanismus ist öfters hinsichtlich Funktionieren weniger sicher als der gewöhnliche Ausziehmechanismus.

Man nennt *Wippenmechanismus* (mécanisme à bascule) ein sogenanntes Sparsystem, bei welchem das Zeigerstelltrieb wegfällt. Dieses System kann bei Uhren mit Drücker, mit Riegel und mit Zeigerstellung zum Herausziehen angewendet werden, verursacht aber öfters ein unangenehmes Geräusch. Es wird kaum anderswo Anwendung finden als bei Uhren von sehr kuranter Qualität oder in etwas abgeänderter Form bei Chronographen. Welches auch das System des Aufzugmechanismus sei, so ist Bedingung, daß sowohl das Aufziehen wie das Zeigerstellen ein weiches sei; das Geräusch, das vom Sperrkegel herrührt, wie dasjenige des Gegengesperres (wenn man die Krone rückwärts dreht) soll ein bestimmtes aber wenig ausgesprochenes sein. Bei den Uhren mit Ausziehmechanismus soll sich der Übergang von der Aufziehstellung zu derjenigen der Zeigerstellung durch jenen charakteristischen, kleinen Knax ankündigen.

Bei gewissen Automobiluhren und Penduletten erfolgt der *Aufzug durch den Glasreifen.* Der Glasreif ist das ringförmige Stück, in welchem das Glas befestigt wird. Die Uhr wird durch Drehen des Glasreifens aufgezogen, die Zeigerstellung erfolgt indem man diesen ein wenig zurückzieht.

Man hat seit mehreren Jahren die Fabrikation der Uhren mit dem sogenannten *automatischen Aufzug* wieder aufgenommen. Diese Uhren werden einfach durch die vom Träger ausgeführten Bewegungen aufgezogen. Es handelt sich hier stets um Armbanduhren. Die ersten mit automatischem Aufzug ausgestatteten Uhren dürften die von A.-L. Breguet (1747—1823) konstruierten gewesen sein, die er *montres perpétuelles* nannte. Man hat diese Anordnung vor ungefähr zwanzig Jahren wieder erfunden, und seither hat die Uhr mit automatischem Aufzug abwechselnde Perioden erlebt, solche der Hochkonjunktur und solche des Niederganges. Zur Stunde, wo wir dies niederschreiben, existieren ungefähr hundert diesbezügliche Patente.

Der Aufzug wird in der Regel durch die Schwingung einer speziellen Masse bewirkt oder auch durch Hin- und Herbewegung des Werkes selbst im Gehäuse. Bei noch andern Systemen sind es die Bewegungen des Handgelenkes, die vermittels einer der Ösen auf das Werk einwirken; man hat sogar hiefür ein gerändeltes Trieb benützt, das auf der Haut aufliegt und bei der geringsten Bewegung des Handgelenkes sich dreht.

Die heute fabrizierten Uhren mit automatischem Aufzug verfügen alle über einen Aufzug von Hand, der fast allgemein aus einer einfachen Aufzugwelle mit Krone besteht. Es ist offensichtlich, daß, wenn die Uhr einige Tage im Ruhezustand gelassen worden ist, sie sich nicht augenblicklich in Bewegung setzt, so daß sich ein erstes Aufziehen von Hand als nötig erweist. Auch die Zeigerstellung muß betätigt werden können. Eine Uhr mit automatischem Aufzug unterscheidet sich daher in ihrem Äußern kaum von einer gewöhnlichen Uhr.

XV. KAPITEL

DIE STEINE

Die Unruh, die Mobile der Hemmung und des Räderwerkes endigen in der Regel in sehr feinen Zapfen. Bei ordinärer Qualität der Uhr drehen sich diese Zapfen direkt im Messing. Daraus ergibt sich eine nennenswerte Reibung und eine Abnützung, die sich sehr rasch einstellen kann, wenn der Druck groß und die Geschwindigkeit bedeutend ist.

In den vor Anfang des achtzehnten Jahrhunderts hergestellten Uhren liefen alle Zapfen in Messing. Zu Anfang des achtzehnten Jahrhunderts erfand ein in London niedergelassener Schweizer, Nicolas Fatio de Duiller, der sich mit optischen Gläsern beschäftigte, ein Verfahren, um Edelsteine, vor allem Rubine, zu bohren. Diese sofort in der Uhrmacherei angewendete Erfindung erwies sich von überragender Bedeutung und trug sicherlich in großem Maße dazu bei, der englischen Uhrmacherei einen gewaltigen Vorsprung gegenüber derjenigen des Kontinents zu sichern, ein Vorsprung, der sich sozusagen während des ganzen achtzehnten Jahrhunderts aufrechterhielt.

Gegenwärtig sind alle Uhren von einiger Qualität, kurante und selbst ordinäre, mit einer gewissen Anzahl von Steinen ausgestattet, unabhängig von denjenigen der Hemmung, von welchen schon in einem vorgängigen Kapitel die Rede war.

Die *Ausstattung mit Steinen* kann bei einer Uhr verschiedene Formen annehmen; ihr Hauptzweck ist immer eine Verminderung der Abnützung und der Reibung. Außerdem gibt das Vorhandensein von Steinen einer Uhr sofort einen vornehmen Aspekt, besonders wenn diese von schöner Qualität und gut gefaßt oder eingepreßt sind.

Hier einige Angaben über die in der Uhrmacherei hauptsächlich verwendeten Steine:

Der *natürliche Rubin*, ein sehr harter Stein, ist ein kristallisiertes Aluminiumoxyd. Seine Farbe ist in der Regel ein edles Rosa. Man trifft völlig farblose Rubine und andere von einem stark dunkeln Rot (Orient-Rubine, Birma-Rubine). Die sehr schönen Rubine erreichen fast den Preis von Diamanten; diese werden aber nicht in der Uhrmacherei verwendet.

Der *Saphir* ist ebenfalls ein Aluminiumoxyd; seine Härte ist ungefähr die nämliche wie diejenige des Rubins. Gewisse Saphire sind farblos, andere von bläulicher und wieder andere von dunkelblauer Farbe.

Der *Granat* ist ein Silikat, d. h. ein Stein von merklich geringerer Härte als der Rubin und der Saphir. Seine Farbe kann orangerot oder violettrot sein. Er ist von glasartigem Aussehen und viel weniger leuchtend als der Rubin. Der Vermeil-Granat, in der Berufssprache durchwegs *Vermeil* genannt, ist orangerot und wird ebenfalls je länger je weniger verwendet.

Der Wert der natürlichen Steine wächst mit der Intensität ihrer Färbung, der Reinheit ihres Wassers und ihrer Größe. Die großen Steine (Rubine, Saphire, Smaragde usw.) von dunkler Farbe und sehr großer Reinheit sind von den Juwelieren sehr gesucht; ihre Preise gestatten daher deren Verwendung in der Uhrmacherei nicht.

Seit langem hat man danach getrachtet, in der Uhrmacherei künstliche Steine zu verwenden; vor allem müßten diese sehr hart sein. Der *rekonstituierte Rubin* wurde durch Schmelzen und Zusammenballen von Rubinabfällen hergestellt. Er war aber nie von sehr guter Qualität und verschwand vollständig seit dem Erscheinen des *synthetischen* Rubins.

Der künstliche oder *synthetische* oder *wissenschaftliche* (französisch *rubis scientifique*) Rubin wird seit 1902 in der Uhrmacherei verwendet. Er hat sich rasch eine Vorzugsstellung erobert. Er ist hart, homogen, leicht zu bearbeiten, billig und in fast allen Färbungen erhältlich, die man sich wünschen kann. Der synthetische Rubin ist ein birnenförmiger Pfropfen (französisch culots).

Der synthetische Rubin wird durch Schmelzen bei sehr hohen Temperaturen von Ammoniakal-Alaun gewonnen. Dem Ammoniakal-

Alaun wird dabei ein Farbstoff, der gewöhnlich aus einem metallischen Salz besteht (Chromoxyd für den Rubin), beigemischt. Man kann übrigens auf diese Art alle auf der Basis von Aluminiumoxyd aufgebauten Steine herstellen (Rubin, Saphir, Smaragd, Topas, Amethist usw.), die dann *künstliche Korunde* genannt werden. Es ist nützlich, zu betonen, daß die künstlichen Korunde keine Nachahmungen sind in dem Sinne, der diesem Ausdruck gewöhnlich beigemessen wird. Ein synthetischer Rubin weist die gleiche Zusammensetzung auf wie ein natürlicher und unterscheidet sich von diesem nur durch seine Erzeugung.

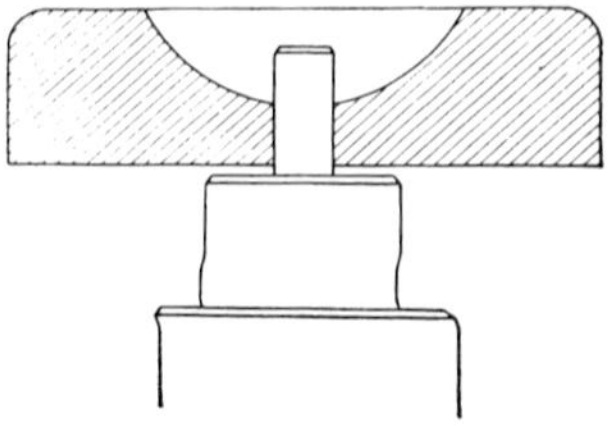

Fig. 27. Zylindrischer Zapfen.

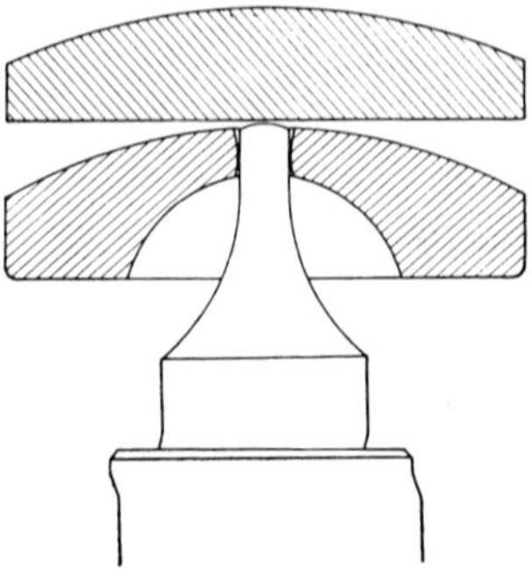

Fig. 28. Konischer Zapfen.

Der Diamant ist reiner, kristallisierter Kohlenstoff. Er ist der härteste aller Stoffe; derselbe ritzt sie alle und kann nur mit seinen eigenen Abfällen bearbeitet werden. Der Diamant ist meistens farblos. Man betrachtet ihn als den ersten der Edelsteine. Er findet in der Uhrmacherei eigentlich keine Verwendung; indessen werden davon Decksteine für die Marine-Chronometer angefertigt. Auch findet man Diamant-Decksteine in gewissen englischen Uhren. Dagegen findet er Verwendung bei der Ausschmückung von Uhrgehäusen (Juwelen-Dekoration).

Der sogenannte *Bort* oder *Boart* besteht aus Bruchstücken mit scharfen Kanten; er wird beim Vorschleifen (Schruppen) und bei der Bearbeitung der harten Steine verwendet.

Der *Carbon* oder *Carbonado* ist ein gestaltloser Diamant von grauschwarzer Farbe. Er wird zum Anbohren harter Felsen, bei der Bearbeitung der Edelsteine, zum Abdrehen der Schleifscheiben usw. benützt.

Das sogenannte *Egrisé* besteht aus pulverisiertem Diamant und wird aus Boart, Carbon oder Diamantsplittern hergestellt. Man verwendet es in abgestuften Feinheitsgraden; dasselbe dient zum Sägen, Bohren und Polieren der Edelsteine.

Wir haben vorhin gesehen, daß jedes Mobil zwei Zapfen aufweist. Diese gehören zwei Arten an und jede von ihnen erfordert eine besondere, geeignete Form von Steinen.

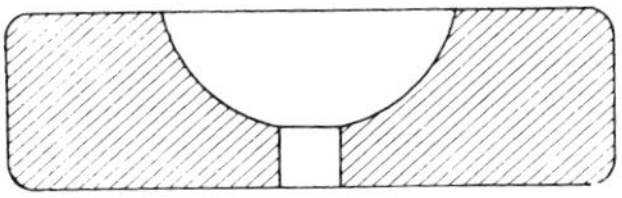

Fig. 29

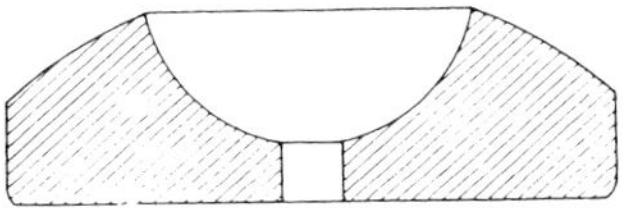

Fig. 30

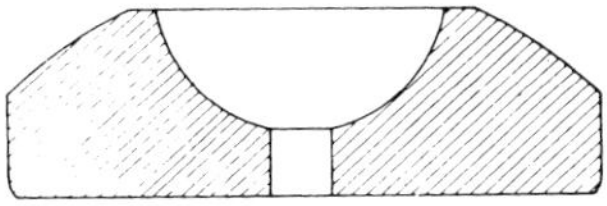

Fig. 31

Der *zylindrische Zapfen* ist eine einfache *Welle*, welche sich von einer *Auflage* abhebt, die das Wellenende des betreffenden Mobils bildet (Fig. 27). Wie sein Name es besagt, ist dieser Zapfen vollkommen zylindrisch. Die Auflage stützt sich gegen eine der Flächen des Steines. Der Durchmesser des Zapfens hängt von der Größe der Uhr ab und beträgt oft weniger als 0,1 mm (ein Zehntelsmillimeter).

Der *konische* Zapfen (Fig. 28) hat eine ungeeignete Benennung: er besteht aus einem zylindrischen Teil, dem eigentlichen Zapfen, der mit dem Zapfenträger durch einen ausgerundeten Teil verbunden ist. Der konische Zapfen hat also keine Auflage. Er dreht sich, wie die andern Zapfen, in einem Steinloch, und sein Ende lagert auf einem zweiten, flachen, nicht gebohrten Stein, den man *Deckstein* nennt. Das Ende des Zapfens ist sorgfältig abgerundet und fein poliert. Diese Anordnung verleiht dem Mobil eine viel größere Freiheit. Die Unruh wird stets mit einer Welle oder einer *Achse* mit zwei konischen Zapfen versehen. Ein Mobil mit zwei konischen Zapfen erfordert daher stets vier Steine: zwei durchbohrte und zwei Decksteine. Bei Uhren feiner Qualität besitzen auch das Ankerrad und selbst der Anker konische Zapfen.

Bei ganz ordinären Uhren verwendet man öfters Deckplättchen aus Stahl und läßt selbst die Zapfen in Messing laufen.

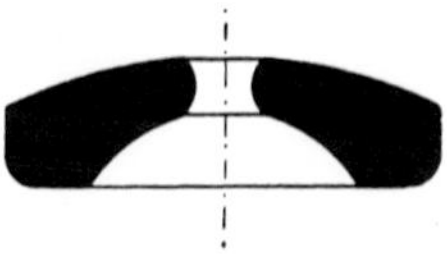
Fig. 32

Fig. 33

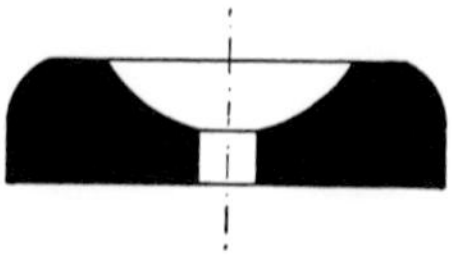
Fig. 34

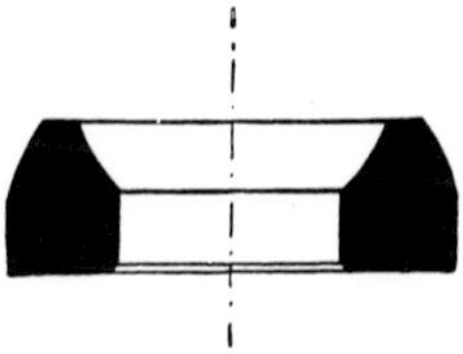
Fig. 35

Fig. 36

Fig. 37

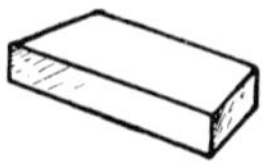
Fig. 38

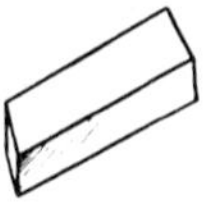
Fig. 39

Man unterschied früher den *beidseitig flachen Stein* (pierre glace) den *oben ganz gewölbten Stein* (pierre goutte) und den *gewölbten, oben abgeflachten Stein* (pierre demi-glace). Diese drei Steinformen sind in den drei Abbildungen Fig. 29 (glace), 30 (goutte) und 31 (demi-glace) dargestellt.

Diese Steinformen werden heute fast durchwegs durch einen Stein ersetzt, den man manchmal «glace» und manchmal «demi-glace» nennt. Die aus dem Seitz-Katalog entnommenen Abbildungen (Fig. 32 bis 39) stellen alle in der Uhrmacherei verwendeten Steine dar.

Hier die Legende dazu: Fig. 32 Unruhstein. Es ist dies der bei Mobilen mit Deckstein verwendete Genre (siehe auch Fig. 28).

Fig. 33 ist ein bei ordinären Qualitäten verwendeter flacher Unruhstein. Diese zwei Arten von Steinen (32 und 33) verfügen über eine halbkugelartige *Ölsenkung*, die dazu bestimmt ist, eine gewisse Menge Öl aufnehmen und aufbewahren zu können (die Ölsenkung befindet sich auf der dem Mobil zugekehrten Seite).

Fig. 34 zeigt einen flachen oder halbflachen Stein, der bei allen Mobilen ohne Deckstein in den Brücken und Platinen Verwendung findet. Hier befindet sich die Ölsenkung auf der dem Mobil entgegengesetzten Seite. Fig. 35 ist ein Mittelradstein.

In Fig. 36 sehen wir einen Deckstein. Es ist dies ein nicht durchbohrter Stein, gegen dessen Fläche sich das Ende des konischen Zapfens stützt.

Fig. 37 stellt einen Hebelstein oder eine Ellipse dar (siehe Kapitel Hemmungen). Fig. 38 und 39 zeigen Paletten oder Levées.

Hier muß eine Bemerkung angebracht werden: Man sieht, daß die Löcher der in Fig. 32 und 33 dargestellten Steine eine besondere Form aufweisen; sie sind *oliviert*, das heißt, das Loch ist nicht zylindrisch, sondern ausgerundet. Diese Olivierung dient dazu, die Reibung des Zapfens im Loche zu vermindern und dem Mobil eine größere Freiheit zu verschaffen. Bei den Uhren feinster Qualität sind alle Steinlöcher oliviert.

XVI. KAPITEL

DAS SETZEN DER STEINE

Das unter dem Namen *Fassen der Steine* (Sertissage) bekannte System wird in der Uhrmacherei sozusagen nicht mehr angewendet. Nachstehend erfolgt aber gleichwohl eine summarische Beschreibung dieses Verfahrens:

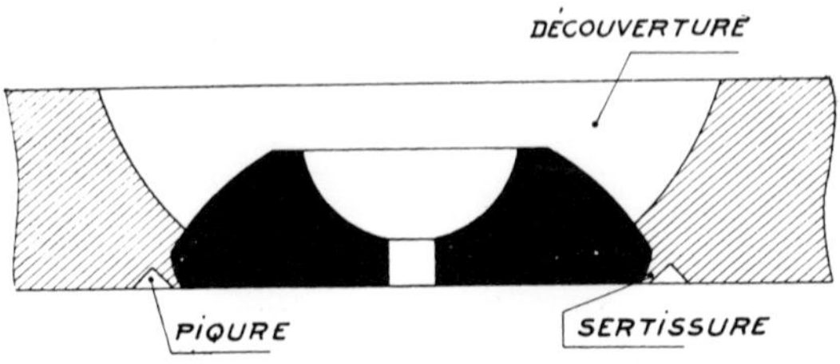

Fig. 40. Gefaßter Stein.

Man bringt im Metall der Platine oder der Brücken eine zylindrische Einsenkung vom Durchmesser des zu setzenden Steines oder ganz wenig größer als dieser an, die *Steinlager* genannt wird. Um dieses herum wird eine kreisrunde Eindrehung, der sogenannte *Zudrückstich*, gemacht. Dadurch hat man zwischen diesem und dem Steinlager einen dünnen Metallrand, «*Filet*« genannt, stehen gelassen. Man führt hernach den Stein in das Lager ein und drückt das Filet ringsherum gegen den Stein zu. Durch dieses Zudrücken wird die *Steinfassung* gebildet. Nachher wird auf der Rückseite der Fassung eine Aussenkung, *Abdeckung* (découverture) genannt, angebracht. Diese erleichtert den Zugang zum Stein und verleiht ihm Glanz. Aus diesem Grunde wird auch, wenn sich die Abdeckung auf der dem Auge zugekehrten Seite der Uhr befindet, diese mit Sorgfalt ausgeführt und hochglanzpoliert. Fig. 40 stellt einen gefaßten Stein dar.

Natürlich ist es die Lage des Steines, welche die Stellung des Mobils bedingt. Die Genauigkeit der Steinfassung oder jeder andern Art der Befestigung ist daher von größter Wichtigkeit.

Schon seit langem ist auch das *Befestigen der Steine in Futtern* (Chatons) angewandt worden. Der Chaton ist ein Stück Metall, in dem der Stein selbst befestigt wird. Der Chaton seinerseits wird im Uhr-

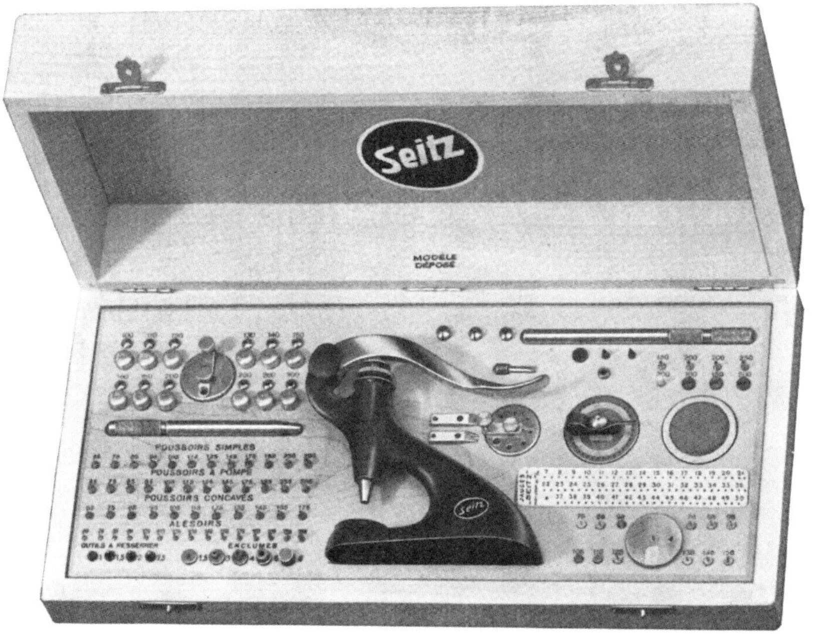

Fig. 41. Seitz-Steinpreßausrüstung.

werk mit Schrauben oder auch durch bloßes Einpressen befestigt. Der Chaton hatte ursprünglich nur einen ästhetischen Zweck. Er wurde aus Gold oder einem goldähnlichen Metall hergestellt und hatte die Aufgabe, den Effekt eines schönen Steines noch zu erhöhen. Später benützte man den Chaton, weil er geeignet war, das Auswechseln eines Steines wesentlich zu erleichtern. Es ist oft praktischer, einen Chaton, den man fixfertig aus der Fabrik erhält, zu ersetzen, als einen Stein neu zu fassen. Später benützte man den Chaton auch noch, weil seine Verwendung die weitere Entwicklung der *Auswechselbarkeit* gestattete. Tatsächlich können die Lager für die Chatons, welche aus einfachen Löchern bestehen, gesamthaft durch einen Stanzendruck mit größter Genauigkeit, sowohl was Durchmesser sowie was örtliche Lage anbetrifft, hergestellt werden.

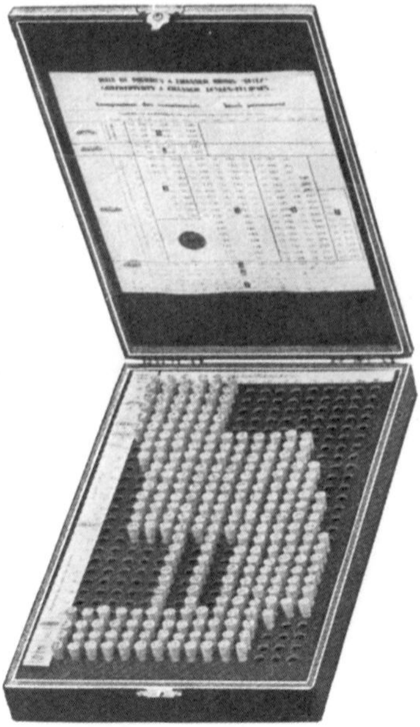

Fig. 42. Seitz-Preßsteinsortiment.

Das Befestigen der Steine geschieht immer noch vermittels Chaton. Das aber heute fast durchwegs angewendete System ist dasjenige der *Preßsteine.*

Dieses Verfahren besteht im Einpressen des Steines in ein in der Platine oder einer Brücke vorbereitetes zylindrisches Loch. Dieses einfache, wirtschaftliche und präzise Verfahren wurde erst von dem Augenblicke an angewendet, als technische Vervollkommnungen den Steinfabrikanten gestatteten, Steine von einer einwandfreien Regelmäßigkeit herzustellen. Wie beim Chaton-System erfahren die Löcher in den Platinen und Brücken eine Berichtigung durch ein Stanzverfahren.

Das Einpressen selbst geschieht in den Fabriken durch eine für die Serienarbeit speziell angepaßte Werkzeugausrüstung. Es würde nicht in den Rahmen dieser Arbeit passen, die dabei angewendeten Verfahren zu beschreiben. Wir haben oben gesehen, daß das Steinpreßver-

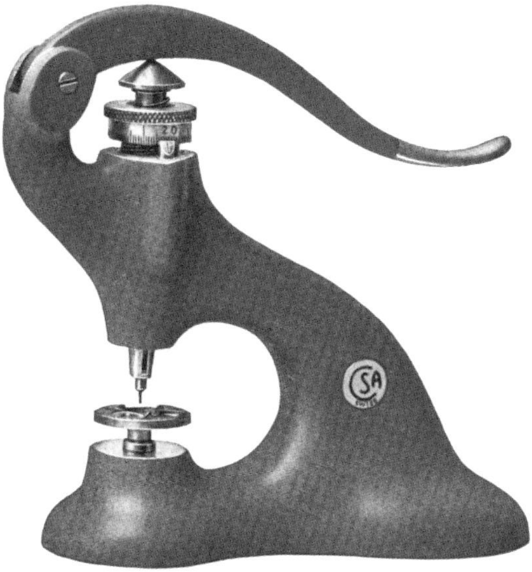

Fig. 43. Preßstock Chatons S. A.

fahren in hohem Grade geeignet ist, die Arbeit des Uhrmachers (rhabilleur) zu erleichtern, denn dieser kommt sehr oft in den Fall, Steine ersetzen zu müssen. Die Steine sind eben zerbrechlich und ein etwas heftiger Stoß genügt, um einen Bruch herbeizuführen. Man war früher genötigt, einen neuen Stein zu fassen, weshalb der Uhrmacher notwendigerweise nicht nur über eine geeignete Werkzeugausstattung (Klammerdrehbank, Burin fix), sondern auch über die nötige Übung in solchen Arbeiten verfügen mußte. Heute liefern fast alle Fabriken ihren Kunden (Detaillisten) gut ausgewählte Steinsortimente sowie auch die für das Einpressen nötige Werkzeugausstattung. Fig. 41 stellt ein Kästchen der Firma Seitz dar, enthaltend den Preßstock, die Reibahlensortimente sowie die Preßstempel, in einem Wort alles, was der Uhrmacher braucht, um seine Arbeit mit einem Maximum von Präzision und in kürzester Zeit ausführen zu können. Fig. 42 stellt ein Seitz-Etui dar, das ein nach äußern Durchmessern und Lochgrößen eingeteiltes Sortiment von Preßsteinen enthält.

Fig. 44
Chaton mit Unruhstein.

Fig. 45
Chaton mit flachem Radstein.

Fig. 43 zeigt einen Preßstock (Potence) der Firma Chatons S. A. in Le Locle. In Fig. 44 sehen wir einen Chaton mit einem Unruhstein; Fig. 45 zeigt einen solchen mit einem flachen Radstein (glace). Diese beiden Abbildungen sind uns ebenfalls von der Firma Chatons S. A. zur Verfügung gestellt worden.

Der Deckstein ist in der Regel vermittels des Einpreßverfahrens in Metallplättchen, *Deckplättchen* (plaques de contre-pivot) genannt, befestigt. Das Deckplättchen wird auf die Platine aufgeschraubt. Der eine der beiden Decksteine der Unruh ist im obern Deckplättchen, *Coqueret* genannt, befestigt, um das herum der *Rückerzeiger* (raquette) sich bewegt. Beide sind auf dem *Unruhkolben* (coq) gelagert. Durch Verschieben des Rückerzeigers wird die Uhr zum Vor- oder Nachgehen gebracht.

Die ordinärsten Uhren haben keine Steine. Die sehr feinen Uhren dagegen haben oft eine ziemlich beträchtliche Anzahl. Die Zollämter gewisser Länder beurteilen die Qualität einer Uhr und ihren Verkehrswert nach der Anzahl der Steine, die sie besitzt. Für die Vereinigten Staaten muß die Anzahl Steine in Worten auf dem Werk eingraviert sein (fifteen jewels, seventeen jewels).

Es gibt, wie wir bereits gesagt haben, Uhren ohne einen einzigen Stein usw. Es ist gewiß, daß das nur in das Messing gebohrte Loch einem schlechten Stein, der den Zapfen anfrißt, vorzuziehen ist. Nichtsdestoweniger sind eine gewisse Anzahl Steine für eine anständige Uhr unerläßlich. Erinnern wir uns überdies daran, daß die Ankerhemmung drei Steine aufweist: zwei Paletten im Anker und den Hebelstein (Ellipse) in der Hebelscheibe. Es existieren natürlich noch eine große Zahl von Kombinationen. Hier die meist verbreiteten:

Uhr 7 Steine:	Hemmung		3
	Unruh 2 Steine, 2 Decksteine		4
		Total	7

Uhr 11 Steine:	Hemmung		3
	Unruh		4
	Anker		2
	Ankerrad		2
		Total	11

oder auch die nämliche Kombination mit mehr sichtbaren Steinen, jedoch weniger empfehlenswert:

Uhr 11 Steine (2):	Hemmung		3
	Unruh		4
	Ankerrad		2
	Sekundenrad	oben, sichtbar	1
	Kleinbodenrad	oben, sichtbar	1
		Total	11

oder auch noch:

Uhr 11 Steine (3):	Hemmung		3
	Unruh		4
	Anker	oben, sichtbar	1
	Ankerrad	oben, sichtbar	1
	Sekundenrad	oben, sichtbar	1
	Kleinbodenrad	oben, sichtbar	1
		Total	11

Uhr 15 Steine:	Hemmung	3
	Unruh	4
	Anker	2
	Ankerrad	2
	Sekundenrad	2
	Kleinbodenrad	2
	Total	15
Uhr 16 Steine:	Hemmung	3
	Unruh	4
	Anker	2
	Ankerrad	2
	Sekundenrad	2
	Kleinbodenrad	2
	Mittelrad (oben, sichtbar)	1
	Total	16
Uhr 17 Steine:	Hemmung	3
	Unruh	4
	Anker	2
	Ankerrad	2
	Sekundenrad	2
	Kleinbodenrad	2
	Mittelrad (oben und unten)	2
	Total	17
Uhr 19 Steine:	Hemmung	3
	Unruh	4
	Anker	2
	Ankerrad (einschließlich 2 Decksteine)	4
	Sekundenrad	2
	Kleinbodenrad	2
	Mittelrad	2
	Total	19

Uhr 21 Steine:	Hemmung	3
	Unruh	4
	Anker	4
	Ankerrad	4
	Sekundenrad	2
	Kleinbodenrad	2
	Mittelrad	2
	Total	21

Uhr 23 Steine: diese besitzt außer der Anzahl der vorhergehenden noch zwei Steine im Federhaus.

Die Uhr mit 15 Steinen ist die meistverbreitetste in der Uhrmacherei von guter Mittelqualität.

Diese Tabellen beziehen sich auf die einfachen Uhren; bei den Repetieruhren und den Chronographen findet man selbstverständlich beträchtlich höhere Zahlen von Steinen.

XVII. KAPITEL

UHRGESTELLE UND KALIBER

Uhrgestell (französisch «cage») nennt man oft das Gerüst oder Fundament der Uhr. Das Uhrgestell besteht aus der sogenannten Platine, der Grundplatte des Uhrwerks, und den Brücken. Die Platine bei den Taschenuhren und einem Teil der Armbanduhren, gewöhnlich von runder Form, bildet die Grundlage, auf welcher die Brücken vermittels der Schrauben und der Brückenpfeiler befestigt sind. Die Brükken tragen die Namen der Mobile, denen sie als Stützpunkt dienen: man sagt zum Beispiel *Federhausbrücke*, *Sekundenradbrücke* usw. Der *Unruhkloben* (in der deutschen Sprache werden Brücken mit nur einem Brückenfuß im Gegensatz zu solchen mit zwei Füßen, wie Federhaus- und Minutenradbrücke, «Kloben» genannt) heißt in der Uhrmachersprache, auch in der deutschen Schweiz, allgemein «*Coq*». Die Platine und die Brücken bestehen in der Regel aus Messing, öfters auch aus einer Nickellegierung, deutsch «Neusilber» oder Weißmetall. französisch «Maillechort» genannt.

Kaliber oder Werktypen nennt man die verschiedenen Anordnungen der Einzelbestandteile, welche das Werk darstellen. Man versteht darunter auch die Gestalt oder die Zeichnung, welche die Gesamtheit der Brücken darstellt.

Man unterscheidet vorab drei große Unterabteilungen: die Kaliber für «*offene Uhren*», in der Uhrmachersprache «*Lepines*» genannt, die Kaliber für *Sprungdeckeluhren*, französisch «*Savonnettes*», und die *Formkaliber*. Die erstgenannten sind für Uhren bestimmt, deren Zifferblatt und Zeiger ausschließlich durch *ein Glas* geschützt sind. Bei dieser Anordnung befinden sich die Aufzugswelle, der Werkmittelpunkt und der Mittelpunkt des Sekundenzifferblattes auf einer gemeinsamen, geraden Linie.

Die zweiten werden bei Uhren angewendet, bei denen das Zifferblatt und die Zeiger außer dem Glas noch durch einen Sprungdeckel aus Metall geschützt sind. Die Aufzugwelle, der Werkmittelpunkt und der Mittelpunkt des Sekundenzifferblattes bilden hier einen rechten Winkel.

Die für Armbanduhren vorgesehenen Kaliber mit Sekundenzeiger sind gleich konstruiert wie die für die Sprungdeckeluhren bestimmten; der dafür vorliegende Grund ist leicht einzusehen. Man nennt *Formkaliber* alle jene Kaliber, die nicht die kreisrunde Form aufweisen.

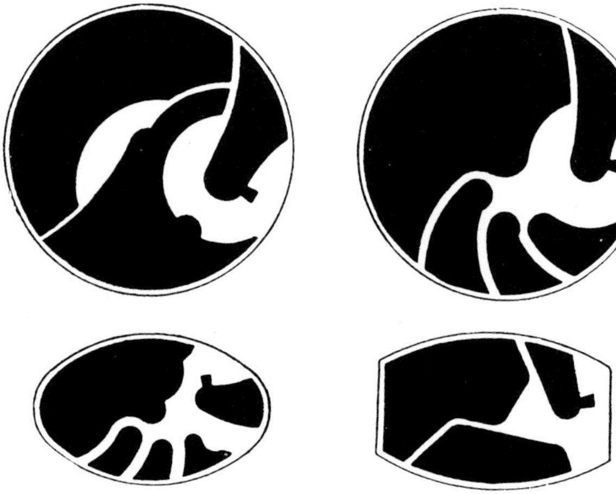

Fig. 46. Vier Kalibertypen.

Sie wurden ehemals für die als Anhänger getragenen Uhren verwendet; heute dienen sie ausschließlich noch als Werke für Armbanduhren. Man verwendet heute aber für Formuhren oft runde Werke, so besonders für solche von rein viereckiger und viereckig-geschweifter Form usw. (carré cintré).

Ein Kaliber wird *Brückenkaliber* genannt, wenn für jedes Mobil eine eigene Brücke vorgesehen ist. Es wird $^3/_4$-Platinen-Kaliber genannt, wenn nur das Ankerrad und die Unruh die ihnen zugehörigen Brücken aufweisen, während alle andern Mobile unter der $^3/_4$-Platine untergebracht sind. Fig. 46 stellt vier Kalibertypen dar. Es existieren indessen unzählige Varianten hievon, entstanden aus dem Wunsche des Fabrikanten, etwas neues oder etwas besonderes zu bringen, oder auch dem Geschmacke des Kunden oder des Verbrauchslandes entgegenzukommen.

Die Dimensionen der Kaliber werden heute noch in der Regel in *Linien* für die Durchmesser, und in *Zwölftelslinien (douzièmes)* für die Werkdicke ausgedrückt. Man hat vergeblich versucht, diese alten Maßbezeichnungen durch solche nach dem metrischen System zu ersetzen. Es muß indessen festgestellt werden, daß diese Linienbezeichnungen heute nur noch als «*Bezeichnungen*» in der Umgangssprache, nicht aber als solche bei der *Fabrikation* dienen.

Die Pariser-Linie ist gleich 2,256 mm und die Zwölftelslinie folglich gleich 0,188 mm. Die metrischen Dimensionen eines mit 19 Linien 30 Douzième bezeichneten Kalibers sind demzufolge: Durchmesser 42,8 mm, Dicke oder Höhe 5,65 mm. Der Durchmesser wird nach dem größten Platinendurchmesser bezeichnet. Die Dicke oder Höhe umfaßt die Platine und die höchste Brücke. Bei den Formkalibern (rechteckig oder oval) wird manchmal nur die kleinste Dimension als Durchmesser genannt.

XVIII. KAPITEL

DIE ZIFFERBLÄTTER

Die Zifferblätter bestehen meistens aus Email oder aus Metall. Das Emailzifferblatt hat die Neigung, mehr und mehr zu verschwinden. Es wird indessen noch bei Uhren feinster Qualität verwendet, welchen man ein durchaus klassisches Aussehen zu geben wünscht.

Das Emailzifferblatt besteht aus einer mit Email belegten dünnen Kupferplatte. Die Aufschriften (Ziffern und Firmeninschriften) werden zuerst auf Stahlplatten eingraviert, mit Farbe ausgefüllt, diese vermittels Gelatine davon abgehoben und auf das Zifferblatt *abgezogen* (décalquiert). Die Malerei, wie man dies nannte, wurde früher von den Zifferblattmalern von Hand ausgeführt. Dieser Beruf, der eine sehr große Handfertigkeit erforderte, ist im Aussterben begriffen. Das Email ist meistens weiß, manchmal auch rahmfarben, oft auch schwarz oder verschiedenfarbig (rosa, blau usw.).

Man bedeckt manchmal die Zifferblätter mit einer zweiten Schicht von durchsichtigem Email, dem sogenannten *Fondant* (Schmelz). Bringt man vorher auf dem Zifferblatt aus Edelmetall-Pailletten hergestellte Ornamente an, so nennt man das *Paillonné sous fondant* (wofür ein deutscher Ausdruck schwerlich zu finden ist), wobei es sich um einen Genre handelt, der heute gänzlich aus der Mode gekommen ist. Das Zifferblatt wird auf der Platine mittels sogenannter «*Füße*» (Zifferblattfüße, pieds) befestigt. Bei gewissen sorgfältig ausgeführten Stükken ist es durch einen am Umfange angebrachten metallischen Reifen, der «*Sertissure*», aufgepaßt.

Die Arten, Formen und die Anordnung der Malerei wechseln mit dem Bestimmungsland, hauptsächlich aber mit den Zeitläufen. Fig. 47 zeigt einige klassische Genres, von denen übrigens einige ganz aus der Mode gekommen sind.

Man nennt *Zahlenreif (tour de chiffres)* die Minutenzahlen von 5 bis 60, welche außerhalb der Stundenzahlen angebracht sind. Wenn diese Zahlen klein sind und die Stunden aus römischen Ziffern bestehen, so ist dies ein römisches Zifferblatt mit einem Louis XVI-Zahlenreif. Wenn die Minutenziffern groß sind, so haben wir es mit einem Louis XV-Zifferblatt zu tun.

Fig. 47. Einige Zifferblattypen.

Das Breguet-Zifferblatt (geneigte arabische Ziffern) wird heute noch sehr viel verwendet; die Dicke der Ziffern wechselt mit der Epoche. Zur Zeit, wo wir dies niederschreiben, sind die Ziffern eher *dünn (schlank)*. Vor einigen Jahrzehnten waren sie eher *fett*. Der Zahlenreif über Breguet-Stundenziffern ergibt ein Phantasie-Breguetblatt. Man verwendet in der Dunkelheit auch noch viel das Leuchtzifferblatt. Bei diesen Arten sind die Ziffern mit einer besonderen, radioaktive Salze (Radiothorium, Mesothorium usw.) enthaltenden Masse bedeckt. Diese Zifferblätter werden Leuchtblätter oder Radium-Zifferblätter genannt. Die Zifferblätter werden heute zumeist aus Metall: Gold, Silber, meistens aber aus versilbertem oder vergoldetem Messing hergestellt, das mit irgendeiner Schutzschicht bedeckt wird. Das Metallzifferblatt weist dem Emailzifferblatt gegenüber gewisse Vorteile auf.

1. Es kann sehr dünn sein, was von großer Wichtigkeit für die extraflachen Uhren ist. Das Emailzifferblatt kann nie so dünn hergestellt werden, da die Kupferplatte unter dem Email durchschimmern und dem Zifferblatt einen Rosaton verleihen würde.

2. Das Metallzifferblatt ist nicht so zerbrechlich wie das Emailzifferblatt.

3. Es eignet sich für alle Spielarten von Farbtönen und Dekorationen.

Dagegen ist das Metallzifferblatt sehr leicht der Veränderung ausgesetzt, wenn es nicht von guter Qualität ist. Man hat auch (übrigens auch heute noch) Metallzifferblätter mit *aufgesetzten Zahlen* (französisch *heures appliques*), hergestellt. Die Zahlen werden aus irgendeinem Edelmetall ausgeschnitten und dann auf dem Zifferblatt mittels Stiften befestigt. Der Zifferblattgrund ist vielfach matt, während die Ziffern poliert sind. Das Zifferblatt mit aufgesetzten Zahlen ist ein ausgesprochenes Luxuszifferblatt und daher allgemein sehr teuer. Dasselbe wird durch das Zifferblatt mit *erhabenen Ziffern (heures relief)* von gleichartigem Aussehen wie ersteres ersetzt, das aber durch Stanzarbeit hergestellt wird und daher viel weniger teuer zu stehen kommt. Man machte, und macht heute noch *Perlmutter-Zifferblätter (cadrans nacre)* mit aufgesetzten Zahlen. Das Emailzifferblatt wird manchmal auch mit ausgedrehtem Sekundenzifferblatt und mit einer Ausdrehung in der Mitte, innerhalb des Zahlenkreises *(cadran creusé)* hergestellt, welches das Zifferblatt mit eingesetztem Sekundenkreis und *eingesetztem Mittelteil* ersetzt *(cadran rapporté)*. Um ein solches Zifferblatt herzustellen, machte man an Stelle des Sekundenzifferblattes eine durchgehende Öffnung und setzte hier ein Sekundenzifferblatt ein, welches festgelötet wurde. Dieses System gibt einen sehr flachen Boden und sehr saubere Winkel; es wird übrigens auch heute noch bei sehr feinen Stücken angewendet.

Einige der in Fig. 47 dargestellten klassischen Zifferblätter finden immer noch Verwendung, doch benützt man heute eine Menge von *Phantasie-Zifferblättern (cadrans fantaisie)*. Die Tafel I stellt einige der Mode von 1945 entsprechende Zifferblätter dar. Man wird bemerken, daß durch das Weglassen der Stundenzahlen das Ablesen der Zeit meistens nicht erschwert wird. Es entsteht dann das *Index-Zifferblatt (cadran index)*. Wenn nur einige Ziffern weggelassen sind, so ergibt sich daraus das *Gemischte Zifferblatt (cadran mixte)*. Das Klischee der Tafel I ist uns in liebenswürdiger Weise durch die Firma Métalem S.A. in Le Locle zur Verfügung gestellt worden, wozu hier die Legende von oben nach unten und von links nach rechts:

1. Versilbert satiniert, poliertes Rändchen, gemalte arabische Zahlen, 5¼″.
2. Vergoldet satiniert, 2 Töne, polierte Stundenziffern, Zifferblatt 11¼″, bombiert.
3. Schwarz oxydiert, gemischte Phantasieziffern, versilbert, 7¾″.
4. Versilbert satiniert, schwarz oxydierte Zone, versilberte arabische Ziffern, bisautierter Rand, 7¾ bis 11″.
5. Rosa satiniert, gemalte, gemischte Ziffern mit erhabenen Punkten 5¼″.
6. Versilbert satiniert, graufarbige Schneckenzone, versilberte Stundenzahlen, Chronographen-Minutenkreis, bombiert, 11¾″.
7. Grau oxydiert, rosafarbiger, polierter Minutenkreis, weiße Stundenzahlen, 17″, bombiert.
8. Rosa satiniert, polierte Phantasie-Stundenzahlen, 5¼″.
9. Rosa satiniert, moderne, vergoldete Relief-Stundenzahlen, bombiert, 11¼″.
10. Grau oxydiert und schwarz, gemischte Phantasie - Stundenzahlen, versilbert, 10½″, bombiert
11. Vergoldet satiniert, gemischte römische Stundenzahlen, poliert, bisautierte Ränder, 7¾″.

XIX. KAPITEL

DIE ZEIGER

Die Weiser der Stunden, Minuten und Sekunden werden *Zeiger* (französisch *aiguilles*) genannt. Die Zeiger bestehen meistens aus oxydiertem oder lackiertem Stahl (schwarz, weiß, blau, rot, violett), aus vergoldetem Stahl oder Messing, manchmal auch aus Gold.

Es existiert eine ungeheuer große Zahl von Zeigermodellen, von denen einige sehr alt sind und dennoch weiter bestehen. Es sind dies die Birn- und Breguet-Zeiger, während die Louis-XV-Zeiger eher Neigung zum Verschwinden zeigen.

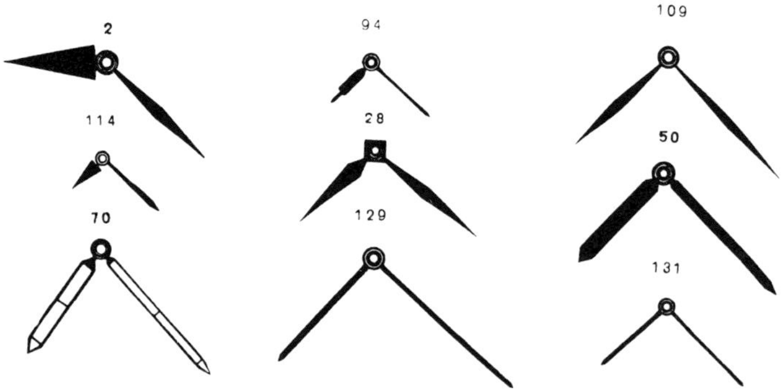

Fig. 48

Cliché: Universo S. A.

Gewisse Zeigermodelle, die man früher *Phantasiezeiger* nannte, *haben* dagegen die Tendenz, klassisch zu werden. Fig. 49 stellt eine gewisse Anzahl Zeiger dar; einige davon sind klassisch, andere sind schon überholt. Die Klischees wurden uns in liebenswürdiger Weise von der Firma Universo, Société générale des fabriques d'aiguilles, zur Verfügung gestellt.

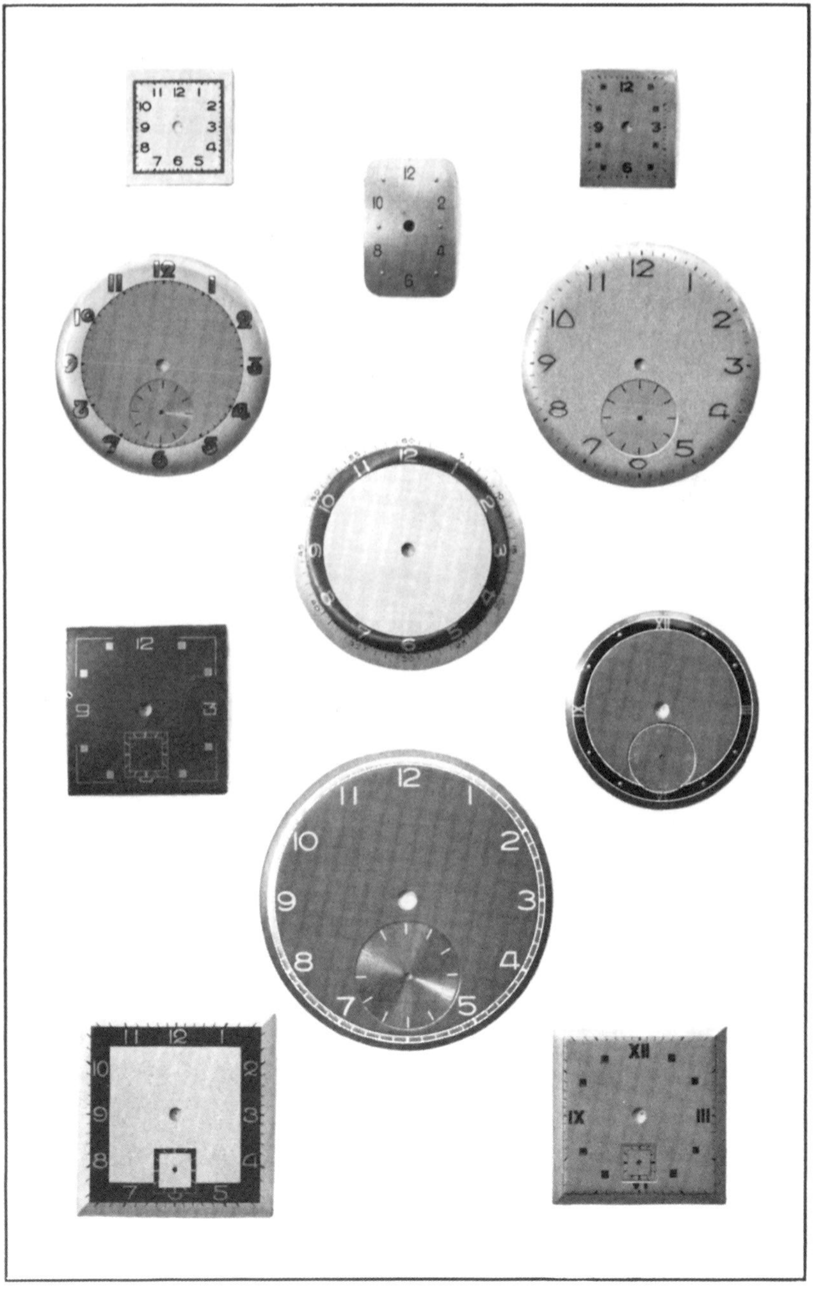

TAFEL 1

TAFEL II

Fig. 50

Fig. 51

Fig. 52

Fig. 53

TAFEL III

Fig. 56

TAFEL IV

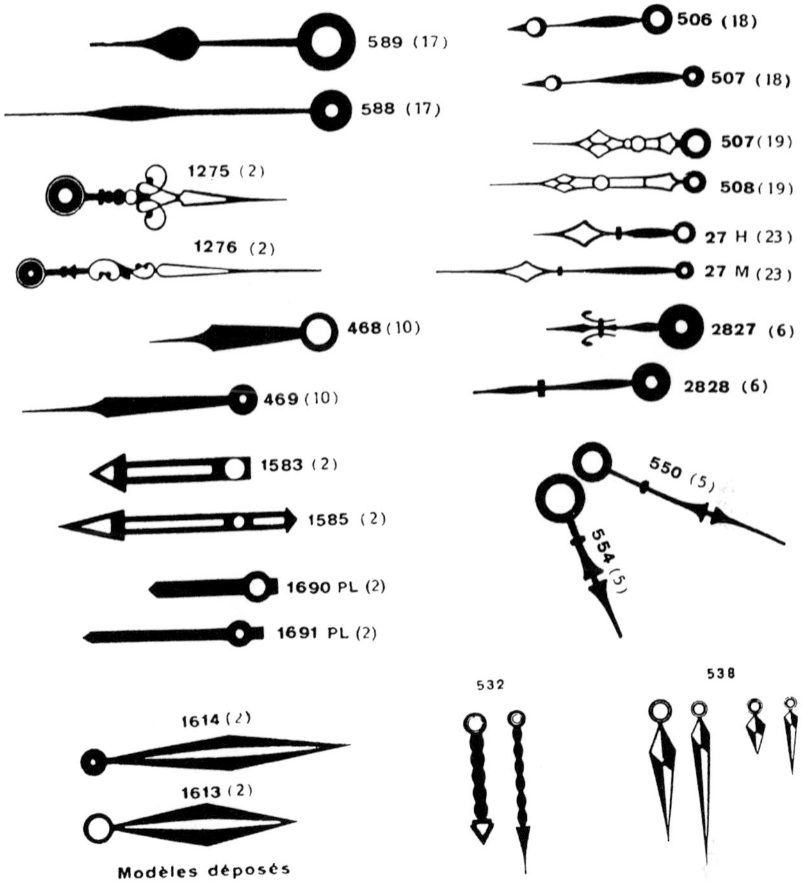

Fig. 49

Cliché: Universo S. A.

Fig. 48 zeigt uns einige der heutigen Mode entsprechende Zeiger: 2 Primo, 94 Sanver, 109 Feuille, 114 Primo-Bâton, 28 Magister, 50 Sporting, 70 Bâtarde squelette, 129 droite, 131 Bâton fil.

Der Zeiger soll dem Zifferblatt angepaßt sein. Es bestehen gewisse Regeln, gewisse Voraussetzungen. Indessen ist es vor allem der Geschmack des Fabrikanten, der wegleitend ist, um das Zusammenspiel von Zifferblatt und Zeiger zu bestimmen. Doch möchten wir behaupten, daß gewisse Zusammenpaarungen unmöglich geduldet werden können. Wenn zum Beispiel zu einem Breguet-Zifferblatt stets ein Breguet-Zeiger gehört, so ist die Vereinigung eines Louis-XV-Zeigers mit einem Phantasiezifferblatt undenkbar.

Fig. 49. Birnzeiger (588, 589), Breguetzeiger (506, 507), Louis-XV-Zeiger (1275, 1276). Der Skelettzeiger (507, 508) ist durchbrochen gestaltet zur Aufnahme der Leuchtmasse. Die übrigen Muster stellen Zeiger dar, die entweder demodiert sind oder in das Gebiet der Phantasie gehören.

XX. KAPITEL

DIE KOMPLIZIERTEN UHREN

Man nennt *komplizierte Uhren* oder *komplizierte Stücke* jede Uhr, die über weitere als die zur einfachen Angabe von Stunden, Minuten und Sekunden nötigen Organe verfügt. Die hauptsächlichsten Arten von *Komplikationen* sind:

a) die Schlaguhr, fast stets Repetieruhr genannt,

b) der Chronograph,

c) die Datumuhr, heute oft Kalenderuhr genannt,

d) die Weckeruhr.

a) Repetieruhren. Wenn diese die Stunden und die Viertel schlagen, werden sie *Viertel-Repetieruhren* genannt *(répétitions à quarts).* Wenn sie die Stunden, die Viertel und die Minuten schlagen, so nennt man sie *Minuten-Repetieruhren (répétitions à minutes).* Bei diesen Uhren wird das Schlagwerk nur durch äußere Einwirkung ausgelöst; man zieht einen Riegel oder betätigt einen Drücker. Die Viertelrepetieruhr schlägt die Stunden und die verflossenen Viertel. Die Minutenrepetieruhr schlägt die Stunde, die Viertel und die verflossenen Minuten.

Eine Minutenrepetieruhr, deren Zeiger 10 Uhr 52 Minuten markieren, schlägt daher:

10 Schläge auf eine tiefgestimmte Tonfeder für die 10 Stunden,

3 Doppelschläge für die drei Viertel,

7 Schläge auf eine helle Tonfeder für die sieben Minuten (45 + 7 = 52).

Bei einer Viertel-Repetieruhr beträgt der bei der Bestimmung der Stunde mögliche Fehler im Maximum 15 Minuten.

Es existieren indessen Uhren, die das Schlagwerk zur gegebenen Zeit auslösen, nach Art der Wanduhren; man nennt diese Uhren «*à grande sonnerie*» *(mit großem Schlagwerk).* Diese Uhren schlagen aber ebenfalls die Stunden, Viertel und Minuten, wenn die Auslösung durch eine äußere Einwirkung erfolgt. Die *Carillon-Uhren* spielen ein bekanntes Lied oder Musikstück vor dem eigentlichen Schlag.

Die Repetieruhren erfreuten sich ehemals einer großen Beliebtheit: allein vor allem die elektrische Beleuchtung und dann auch die Leuchtzifferblätter und -zeiger haben sie in das Gebiet der Phantasie verbannt. Es werden indessen immer noch einige wenige Repetieruhren hergestellt, hauptsächlich zum Gebrauch für die Blinden.

b) Der Chronograph. Der Chronograph, übrigens sehr unpassend benannt, dient dazu, verhältnismäßig kurze Zeitabschnitte mit Leichtigkeit und Genauigkeit zu messen. Seinem Wesen nach umfaßt er außer den gewöhnlichen Zeigern (Stunden, Minuten und Sekunden) einen weiteren Zeiger, den *Chronographenzeiger (l'aiguille de chronographe)*, der eine Umdrehung in der Minute macht und der durch äußere Einwirkung in Gang gesetzt, angehalten und auf Null zurückgestellt werden kann. Der Chronograph besitzt noch einen Zeiger, den *Zählerzeiger (aiguille de compteur)*, der die Anzahl Touren des Chronographenzeigers oder anders ausgedrückt die Minuten markiert. Die vor zehn und mehr Jahren hergestellten Chronographen hatten nur einen auf der Aufzugkrone angebrachten Drücker, und die Betätigung war folgende:

1. Erster Druck: Ingangsetzen des Zeigers.
2. Zweiter Druck: Anhalten des Zeigers.
3. Ablesen.
4. Dritter Druck: Rückstellen des Zeigers auf Null.

Die heutigen Chronographen sind fast immer mit *Doppeldrücker* ausgestattet, und die Betätigung ist folgende:

1. Erster Druck auf den Drücker Nr. 1: Ingangsetzen des Zeigers.
2. Zweiter Druck auf den Drücker Nr. 1: Anhalten des Zeigers.
3. Eventuelle Ablesung.
3. Dritter Druck auf den Drücker Nr. 1: neuer Abgang des Zeigers.
4. Vierter Druck auf den Drücker Nr. 1: erneutes Anhalten des Zeigers.
5. Druck auf den Drücker Nr. 2: Rückstellung des Zeigers auf Null.

Wie man sieht, gestattet der Chronograph mit Doppeldrücker, einem Unterbruch während der Beobachtung eines Vorganges Rechnung zu tragen.

Der Zähler selbst wirkt sich unter verschiedenen Formen aus. Er gestattet allgemein die direkte Ablesung von Zeiten bis zu 30 Minuten. Einige Chronographen weisen Zähler von längerer Ablesungsdauer auf.

Der Zähler kann ein *augenblicklicher (instantané)*, ein *halbaugenblicklicher (demi-instantané)* oder ein *schleppender (trainant)* sein.

Er ist *augenblicklich*, wenn der die Minuten markierende Zeiger in brüsker Weise von einer Minute auf die andere hinüberspringt, wenn der Chronographenzeiger durch den Nullpunkt geht. Er ist *halbaugenblicklich*, wenn der Durchgang einige Sekunden dauert. Die Bewegung des Zählerzeigers beginnt gewöhnlich 4 bis 5 Sekunden bevor der Chronographenzeiger auf Null angelangt ist und die Minute genau abschließt. Beim *schleppenden Zähler* läuft der Zählerzeiger beständig, wie der Minutenzeiger der Uhr.

Gegenwärtig weist die überwältigende Mehrheit der Chronographen den halbaugenblicklichen Zähler auf.

Der *Doppelchronograph (chronograph à rattrapante)* besitzt einen zweiten Chronographenzeiger. Die beiden Zeiger gehen los, wenn man auf den Drücker 1 drückt; ein Druck auf den Knopf 2 hält den zweiten Zeiger, *Rattrapante-Zeiger* genannt, an, während der erste seinen Weg fortsetzt. Ein zweiter Druck auf den Knopf 2 führt die beiden Zeiger wieder zusammen, der zweite «holt den ersten wieder ein». Ein zweiter Druck auf den Drücker 1 hält die beiden Zeiger an, und ein dritter Druck führt beide auf Null zurück. Die Funktion des Einholens kann übrigens in dem Sinne unbegrenzt fortgesetzt werden, indem man immer den zweiten Zeiger anhalten und den ersten einholen lassen kann.

Der Doppelchronograph dient in der Regel dazu, die Dauer von verschiedenen Phasen eines Vorganges zu bestimmen. Er kann besonders für die Kontrolle eines Wettlaufs, bei dem alle Teilnehmer zur gleichen Zeit abgehen, verwendet werden.

Beim Abgang setzt man beide Zeiger durch einen Druck auf den Drücker 1 in Gang. Bei der Ankunft des ersten Wettläufers hält man den Rattrapante-Zeiger durch einen ersten Druck auf den Knopf 2 an; man vollzieht die Ablesung und läßt den Chronographenzeiger durch einen zweiten Druck auf den Knopf 2 einholen. Man hält ihn bei Ankunft des zweiten Konkurrierenden erneut an und so weiter.

Unter der Benennung *Sportuhr*, auch Stoppuhr genannt *(compteur de sport)*, kennt man einen Apparat, der nicht die üblichen Zeitangeber (Stunden-, Minuten- und Sekundenzeiger) aufweist, sondern nur den Chronographen- und den Zählerzeiger. Dieser Zähler oder Compteur zeigt meistens die Fünftelssekunde an; indessen werden solche hergestellt, welche die Zehntels- sogar die Hundertstelssekunde angeben. Man fertigt auch *Sportuhren mit Rattrapante* an. Die Sportuhr ist von einem wesentlich niedrigeren Preis als der eigentliche Chronograph. Bei diesen Apparaten wird das Anhalten der Zeiger durch Anhalten der Unruh bewerkstelligt.

Die *Tachymeter-Zifferblätter (cadrans tachymètres)*, mit denen gewisse Chronographen ausgestattet sind, gestatten unter anderem die unmittelbare Bestimmung einer Geschwindigkeit durch eine einzige Ablesung. Es genügt hiefür, ein Fahrzeug oder einen Wettläufer auf einer auf dem Zifferblatt vermerkten Strecke zu beobachten. Befindet man sich zum Beispiel auf der Eisenbahn und will man die Schnelligkeit des Zuges feststellen, geht man wie folgt vor: Beim Passieren eines Kilometersteines drückt man auf den Drücker, beim Vorbeifahren am nächsten wiederholt man dies. Wenn der Tachymeter auf der Basis von 1000 Metern konstruiert ist, wird der angehaltene Zeiger die Stundenkilometerzahl angeben. Fig. 50 (Tafel III) zeigt einen Compteur der Firma Breitling mit Tachymeter auf den Basen von 1000 und 200.

Es existieren gegenwärtig eine Menge von Spezialzifferblättern, die gestatten, ohne Nachrechnen die Zahl der Pulsschläge eines Kranken (Pulsometer), die Schnelligkeit des Schalls (Telemeter), die Leistung einer Maschine usw. zu bestimmen.

Der Chronograph erfreut sich heute einer außergewöhnlichen Beliebtheit, namentlich als Armbanduhr ist er sehr begehrt.

c) Die Datumuhr zeigt den Wochentag, den Monatstag und manchmal auch den Monat an. Diese Art Uhren ist oft mit einem Spezialzifferblatt ausgestattet, das auch die Mondphasen anzeigt. Heute gebraucht man eher den Ausdruck *Kalenderuhr* (montre-calendrier) als Datumuhr *(montre quantième)*.

Die *einfache Datumuhr* (quantième simple) ist die meistverwendete; sie ist für die Angabe von 12 Monaten zu 31 Tagen konstruiert. Wenn der Monat nur 30, 28 oder 29 Tage hat, ist man genötigt, durch einen Druck auf einen am Gehäuserand angebrachten Drücker den Datumzeiger oder das bewegliche Datumzifferblatt zum Springen zu bringen. Der Mechanismus der einfachen Datumuhr ist durchaus nicht kompliziert.

Anders verhält es sich mit der *Uhr mit immerwährendem Kalender (montre à quantième perpétuel)*, die einen ziemlich komplizierten und heikeln Mechanismus aufweist. Eine Uhr mit immerwährendem Kalender zeigt stets, ohne jegliches Hinzutun, den Wochen-, den Monatstag und den Monat richtig an, unter Berücksichtigung der verschiedenen Dauer der Monate und selbst der Schaltjahre. Fig. 51 (Tafel III) zeigt eine Uhr mit immerwährendem Kalender und mit Minutenrepetition der Firma Mathey-Tissot in Ponts-de-Martel.

d) Die Weckeruhr (Montre-réveil) wird in der Regel als zur Klasse der komplizierten Uhren gehörend bezeichnet. Sie wird sehr oft in kuranter, ja selbst in ordinärer, selten aber in feiner Qualität hergestellt.

Mehrere Komplikationen können bei der nämlichen Uhr vereinigt werden. Man sieht sehr oft Uhren mit Chronograph-compteur und Minutenrepetition.

Fig. 52 und 53 (Tafel III) stellen einen *Doppelchronographen* mit augenblicklichem Compteur der Firma Mathey-Tissot in Ponts-de-Martel dar.

Fig. 54 (Tafel V) zeigt das Werk einer Minutenrepetition der gleichen Firma.

Auf Tafel II sehen wir drei Armbanduhr-Chronographen der Firma Stolz frères S. A. «Angelus» in Le Locle.

Fig. 55 (Tafel V) stellt eine Sport-Stoppuhr, die Hundertstelssekunden anzeigend, der Firma Breitling S. A. in La Chaux-de-Fonds dar.

Nach J. Rambal ist durch die Firma Audemar in Brassus eine Uhr konstruiert worden, die folgende Komplikationen aufweist: Doppelchronograph, doppelter Stundenkreis, immerwährender Kalender mit Mondphasen, Blitzsekundenzeiger (eine Umdrehung pro Sekunde), Viertel- und Minutenrepetition und Thermometer.

XXI. KAPITEL

DER MARINECHRONOMETER UND SEINE VERWENDUNG

Man nennt *Marine-Chronometer (Chronomètre de marine)* eine Uhr von großem Format, bestimmt für die genaue Zeitgebung auf den Schiffen. Der Marine-Chronometer weist verschiedene Eigentümlichkeiten auf:

1. Er ist fast immer mit einer Chronometerhemmung ausgerüstet. Sein Sekundenzeiger macht jede halbe Sekunde einen Sprung.

2. Er ist mit einer Schnecke versehen, einer Spezialeinrichtung zur Regelung der Federkraft.

3. Der Marine-Chronometer ist in einer «Cardanaufhängung» gelagert, weshalb er bei den verschiedensten Bewegungen des Schiffes stets in horizontaler Lage verharrt.

Die Abbildungen Fig. 56 (Tafel IV), 57 und 58 (Tafel V) stellen einen Marine-Chronometer der Firma Ulysse Nardin S. A. in Le Locle dar. Wie aus diesen Abbildungen hervorgeht, ist der Chronometer selbst in einem doppelten Schutzgehäuse untergebracht.

Der Marine-Chronometer ist ein Instrument von höchster Präzision, das im besonderen der Längenbestimmung auf hoher See dient. Gewisse Chronometer sind nach der Sternenzeit reguliert. Das Prinzip der Längenbestimmung ist, sehr knapp gefaßt, das folgende:

Der Chronometer des den Hafen verlassenden Schiffes ist auf die Zeit des Meridians von Greenwich reguliert; außerdem besitzt das Schiff Spezialtabellen (Zeitgleichungstafeln, Nautical Almanach usw.). Diese Tabellen zeigen für jeden Tag des Jahres die Stunde des Sonnendurchgangs und gewisser Sterne durch den Meridian von Greenwich an.

Fig. 54

Fig. 55

Fig. 57

Fig. 58

TAFEL V

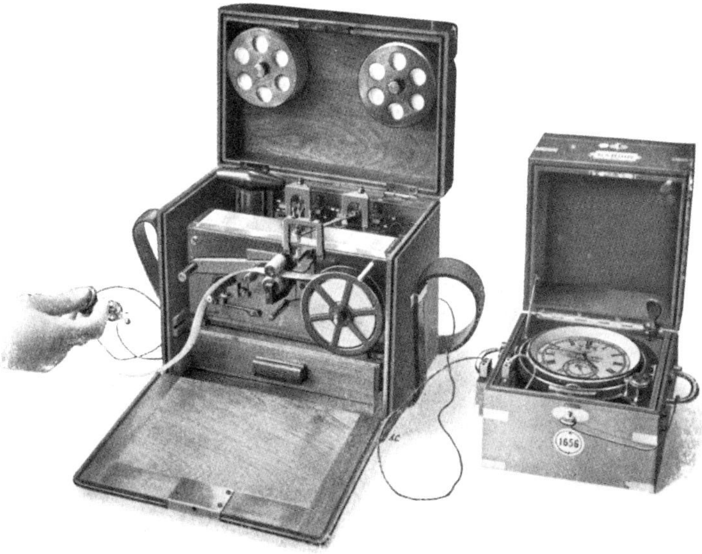

Fig. 60

Fig. 61

TAFEL VI

Fig. 62

Fig. 59

TAFEL VII

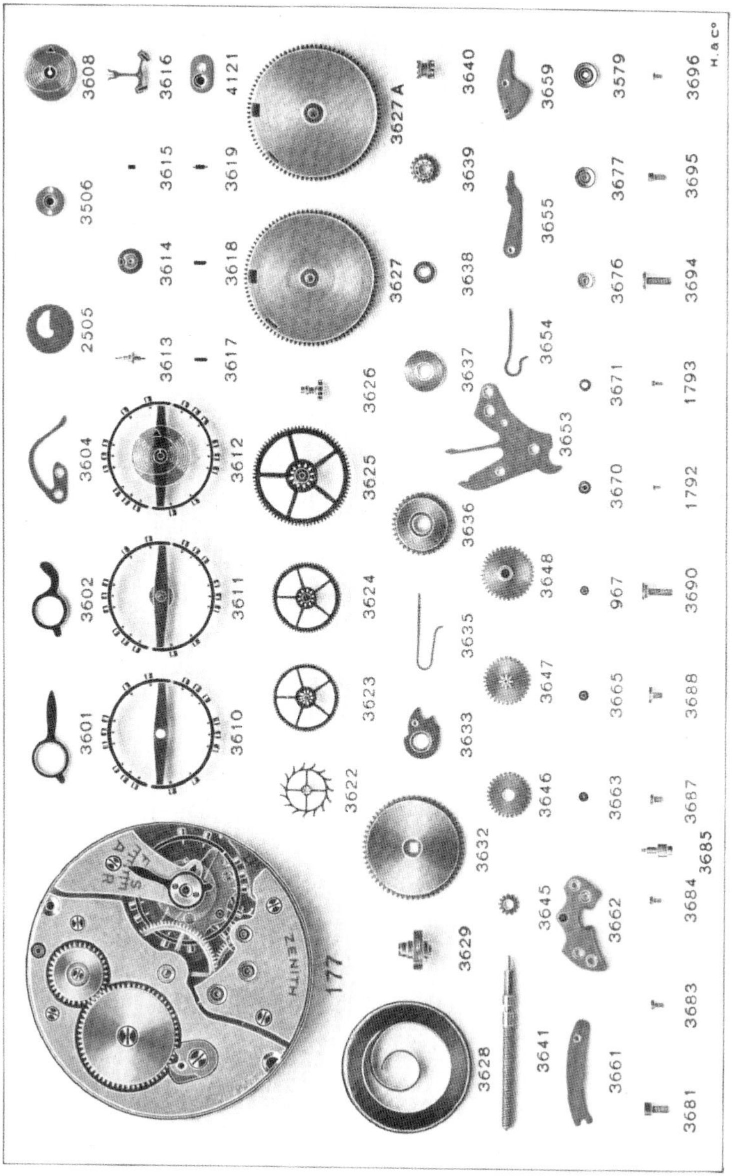
177
ZENITH
3601
3602
3604
2505
3506
3608
3613
3614
3615
3616
3610
3611
3612
3617
3618
3619
4121
3622
3623
3624
3625
3626
3627
3627 A
3628
3629
3632
3633
3635
3636
3637
3638
3639
3640
3641
3645
3646
3647
3648
3653
3654
3655
3659
3661
3662
3663
3665
967
3670
3671
3676
3677
3579
3681
3683
3684
3685
3687
3688
3690
1792
1793
3694
3695
3696
H.a Cº

TAFEL VIII

Um die Länge zu bestimmen, stellt der mit dieser Funktion betraute Offizier vermittels seines Chronometers die Stunde des Durchgangs irgendeines Sternes oder der Sonne durch den eigenen Meridian fest. Die Differenz zwischen der Zeit dieses Durchganges und dem Zeitpunkt, zu welchem der Stern durch den Meridian von Grenwich gehen soll, zeigt in Stunden, Minuten und Sekunden den Unterschied zwischen der Länge von Greenwich und derjenigen des Beobachtungspunktes an.

Man verwendet bei der Schiffahrt auch Uhren kleineren Formats, bekannt unter dem Namen *Bord-Chronometer (chronomètres de bord)*, englisch Deck-watch. Fig. 59 (Tafel VII) stellt einen Bord-Chronometer dar. Der kleine Zeiger gibt den Zustand der Zugfeder an, d. h. den Grad des Aufzuges.

Der Marine-Chronometer wird auch zu wissenschaftlichen Arbeiten verwendet. So zeigt Fig. 60 (Tafel VI) einen Marine-Chronometer mit einem Favag-Zeitschreiber.

XXII. KAPITEL

DAS UHRGEHÄUSE UND SEINE DEKORATION

Das *Gehäuse*, auch «*Schale*» (boîte oder boîtier) genannt, als Schutz der Taschenuhr bestimmt, setzt sich oft aus fünf Hauptteilen zusammen:

Der *Gehäuserand* (carrure) trägt die verschiedenen Teile des Gehäuses.

Der *Bügelknopf (pendant)*, eine Art Rohr, das an den Gehäuserand angelötet ist, trägt den *Bügelring (anneau)*. Durch den Bügelknopf geht die Aufzugwelle hindurch.

Der *Staubdeckel (cuvette)* ist der erste, das Werk schützende Deckel. Er wird aus Sparsamkeit bei den billigen Uhren und um Platz zu gewinnen bei den sehr flachen Uhren weggelassen.

Der *Glasreif (lunette)* trägt das Glas (französisch *verre* oder *glace)*. Das Glas besteht aus wirklichem Glas oder aber heute auch vielfach aus einer unzerbrechlichen Masse, *organisches Glas* (verre organique) genannt. Die Zusammensetzung dieser organischen Gläser ist sehr verschieden; in der Schweiz kennt man das *Plexiglas*, das *Rhodoïd* und das *G. S. Glas*.

Die *Böden (Gehäuseböden) (fonds):* Die offene (Lepine-) Uhr hat nur einen Boden über der Cuvette, der einfach «*Boden*» (fond) genannt wird. Die Savonnette- oder Sprungdeckeluhr hat deren zwei, wovon der eine, der das Glas zu schützen hat «*Deckel*» (couvercle) genannt wird. Die Böden sind in der Regel vermittels *Kerbe* oder *Falz (crans)* und *Scharnieren (charnières)* auf den Gehäuserändern aufgepaßt.

Heute werden vielfach die Scharniere weggelassen, teils aus Sparsamkeitsgründen, teils um dem Gehäuse eine einheitlich verlaufende

Linie zu sichern. Der Boden und der Glasreif sind dann und wann auch *aufgeschraubt* (boîte à vis).

Die Savonnette-(Sprungdeckel-)Gehäuse sind mit *Sprungfedern (secrets)* versehen. Es sind dies Federn, die, im Gehäuserand versteckt untergebracht, das Aufspringen des Sprungdeckels bewirken, wenn man auf die Aufzugskrone drückt. Früher war die Savonnette-Uhr besonders in gewissen Ländern sehr begehrt. Heute dagegen wird sie fast gar nicht mehr fabriziert, was jedoch nicht sagen will, daß diese vornehme und solide Uhr nicht eines Tages eine Wiedergeburt erleben wird.

Die Gehäuse für *Armbanduhren (montres bracelet)* sind manchmal von ähnlicher Konstruktion wie diejenige der Taschenuhren, doch sind sie mit *Ösen (anses)* zur Aufnahme des Bandes oder Leders versehen und haben weder Bügelknopf noch Bügel.

Die Gehäuse für Formuhren sind von einer vollkommen verschiedenen Konstruktion. Sie bestehen sehr oft aus nur zwei Teilen.

Der Gehäuserand und der Boden bestehen manchmal nur aus einem Stück; das Werk ist mit satter Reibung eingepaßt und wird durch Druck des Glasreifes auf das Zifferblatt am Platz gehalten. Man nennt diese Gehäuse *Kalotten (boîtes calottes).*

Es kommt auch vor, daß der Boden und der Glasreif je einen Teil der Kalotte tragen oder daß der Glasreif aus einem Gehäuserand besteht.

Bei allen sorgfältig ausgeführten Genres sind die Werke vorerst in einem *Schutzgehäuse (calotte de protection),* das oft auch «Staubschutz» (cache-poussière) genannt wird, untergebracht. Fig. 61 (Tafel VI) zeigt ein aus zwei Teilen bestehendes Armbanduhrgehäuse für eine Formuhr.

Die Formenverschiedenheit bei den Armbanduhren ist sehr groß, und was heute Mode ist, wird morgen nicht mehr fabriziert.

Die Uhrgehäuse werden aus Stahl, Neusilber, in rostfreiem Stahl (aciers staybrite), in Silber, Gold, Platin, in chromiertem Stahl und in plattiertem Gold hergestellt. Man macht auch Gehäuse aus Elfenbein, in Achat und selbst aus Holz.

Das *Gold-plaqué (plattiertes Gold) (plaqué or)* besteht aus einem Kern aus unedlem Metall, der mit einer Schicht aus Gold von verschiedenem Gehalt überzogen wird. Man unterscheidet auf dem *Walzverfahren hergestelltes Plaqué (plaqué laminé)* und solches, das auf *galvanischem Wege* hergestellt wird (plaqué galvanique). Natürlich hängt die Dauerhaftigkeit des Plaqué von der Dicke und dem Gehalt der aufgetragenen Goldschicht ab.

Der Gehalt der Edelmetalle bedeutet für jedes Land Gegenstand spezieller Vorschriften. Selbst in der Schweiz ist die Bezeichnung der *Doubléwaren (plaqué laminé* oder *plaqué galvanique)* besonderen Reglementen unterworfen.

Das seiner Zeit so stark verbreitete Silbergehäuse ist heute fast gänzlich vom Markt verschwunden. Das Silber, das leicht oxydiert und unansehnlich wird, ist durch *chromiertes Metall (métal chromé)* (gewöhnlich chromiertes Weißmetall) und nachher durch *rostfreien Stahl* (acier inoxydable, acier staybrite) ersetzt worden. Dieses Metall weist allerhand gute Eigenschaften auf, wie Solidität, Schönheit und Unveränderlichkeit. Heute werden alle Uhren in mittlerer Preislage in rostfreiem Stahl hergestellt.

Die Dekoration trägt oft nicht viel zum Ansehen der Uhr bei; indessen sind gewisse künstlerische Verzierungen angezeigt und in der Lage, das Gehäuse weniger delikat gegen Abnützung zu machen als wenn es einfach mattgeschliffen oder poliert wäre.

Die *Guillochierung (guillochis* oder *guillochage)* wird durch auf den Schalenböden angebrachte regelmäßige Linien oder Kurven gebildet. Wenn die Guillochierung durch eine gegen einen exzentrischen Punkt konvergierende Gerade gebildet ist, erhält sie die Benennung «*Ruhmesstrahlen*» *(rayons de gloire)*. Wenn die Geraden parallel verlaufen, erhält man Dekorationen, die man *gestreift (strié)*, *fein gestreift (strié fin)*, *Bandstreifen (strié bandes)* oder *Phantasiestreifen (strié fantaisie)* usw. zu bezeichnen pflegt.

Man spart manchmal Vierecke oder Rauten aus; je nachdem erhält man *Viereck- (carré), Rauten- (losange) oder Würfel- (cubique) Verzierungen*. Die Streifen oder die Vierecke werden oft durch Goldauflagen von verschiedener Farbe gebildet; es sind dies die *vielfarbigen Goldauflagen (plaqués multicolors)*, die mehr und mehr im Verschwinden begriffen sind.

Der sogenannte *Kupferstich (taille douce)* besteht aus in feiner Strichmanier auf eine glatte Fläche gravierten Figuren; er wird heute nicht mehr gepflegt. Die *Ziselierung (ciselure)* ist die reliefartige Darstellung von Figuren oder verschiedenartigen Ornamenten. Sie wurde von Hand ausgeführt und war ziemlich kostspielig. Heute wird sie durch die *Prägung (frappe)* ersetzt, die man ausführt, indem man das gewünschte Bild in Stahlblöcke eingraviert und den Gegenstand in diese Gravierung einpreßt. Es ist dies ein beliebtes und billiges Verfahren. Es wird heute noch bei den silbernen Schützenuhren und bei Metalluhren angewendet.

Das *Tula-Silber* oder *Niello (niel)* ist eine Art Dekoration, die man erhält, indem man in vorher graviertes Silber eine spezielle Mischung von grauschwarzer Farbe einfügt. Die Niello-Verzierungen sind heute nicht mehr modern.

Das *Schriftzeichen (chiffre)* oder *Monogramm* kann in erhobener Arbeit *(rapporté)* ausgeführt, eingraviert oder emailliert werden. Bei der *Emailverzierung (décor émail)* wird das Gehäuse oft mit vielfarbigem Email bedeckt. Die Emailmalerei erfreute sich (und erfreut sich neuerdings wieder) in Genf einer großen Blüte.

Die *Edelsteinverzierung (décor joaillerie)* entsteht durch das Einfügen und Fassen von Edelsteinen; sie läßt sich mit andern Arten von Dekorationen verbinden. Das Platingehäuse mit Edelsteinverzierung (Diamanten) findet häufig Verwendung bei hochwertigen Armbanduhren.

Die ehemals blühende Dekorationsindustrie ist heute bedeutend zurückgegangen. Die Gründe hiefür sind: der Aufschwung der Armbanduhr, da sich dieselbe, zum mindesten in den kuranten Genres, kaum für Dekorationen eignet; die Maschine, welche die Mehrzahl der billigen Gehäuse erzeugt, und die Vorliebe für gerade Linien, einheitliche Flächen und geometrische Formen.

Man stellt heute eine Menge von Juwelenuhren her, bei welchen die Uhr selbst nur noch ein Vorwand ist, wo das schwere, mit großen Steinen (besonders Saphiren und Rubinen) verzierte Kleinod die Hauptsache darstellt.

XXIII. KAPITEL

PHANTASIESTÜCKE UND SPEZIALITÄTEN

Der Mechanismus hat sich seit einem halben Jahrhundert verhältnismäßig wenig verändert; die Organe sind die gleichen geblieben und nehmen sozusagen die gleichen Stellungen ein. Die äußere Aufmachung der Uhr wechselt dagegen beträchtlich, jedoch scheint sie sich nach zwei Gesichtspunkten zu festigen: Taschenuhr und Armbanduhr.

Das verhindert indessen nicht, daß häufig genug *Neuheiten* und *Spezialitäten* auf dem Markte erscheinen, die mehr oder weniger als Eintagsfliegen zu bezeichnen sind, und die man als Phantasieprodukte betrachten kann.

Die Uhr im Etui, durch ihren Fabrikanten *Hermeto* getauft, von andern *Sportuhr (montre-sport)* genannt, bietet sich unter verschiedenen Aspekten dar; aber immer ist sie in einem Lederetui oder einem solchen von lackiertem Metall usw. eingeschlossen, das geöffnet werden kann, um die Zeit abzulesen. Das Aufspringen des Etuis zu diesem Zweck wird allgemein «ad hoc» durch Druck auf einen Knopf bewirkt. Sehr oft wird durch das Aufspringen des die Uhr umhüllenden Gehäuses das Aufziehen der Feder besorgt; die Uhr wird daher jedesmal aufgezogen, wenn die Zeit abgelesen wird. Auf diese Objekte wurden eine Unmenge Patente angefordert. Die Sportuhr verkauft sich gegenwärtig nur mehr sehr wenig.

Die *Uhr ohne Zeiger (montre sans aiguilles)* ist keineswegs eine Neuheit; sie wurde schon im XVII. Jahrhundert angefertigt. Trotzdem werden immer von Zeit zu Zeit Uhren ohne Zeiger «wiedererfunden». Man hat solche vor ungefähr fünfzehn Jahren hergestellt, allein der Erfolg dieser häßlichen und unpraktischen Dinger war nicht groß. Die Stunden und Minuten, manchmal auch die Sekunden, waren auf runde Scheiben aufgedruckt, die sich, ähnlich wie bei Gasuhren und Elektrizitätszählern, hinter Fenstern (Guichets) drehten und so die jeweilige Ziffer sehen ließen. Man hat dieses System durch augenblicklichen Wechsel der Stunden und Minuten kompliziert, und diese Uhren alsdann unter dem Namen «*Uhren mit springenden Zahlen (heures sautantes)* verkauft. Sie sind übrigens vom Markte verschwunden.

Man nennt Pendulette eine kleine Pendule, deren mechanischer Teil aus einer Uhr mit Unruh besteht. Die Blütezeit der Pendulette datiert ungefähr seit 1925 und dauert heute noch an. Man hat auf diesem Gebiete große Anstrengungen bezüglich Scharfsinnigkeit gemacht; es existieren unzählige Modelle, bei welchen alle möglichen Materialien verwendet wurden (Metalle, Holz, Leder, Schildpatt, Lack, Erinoid und ähnliche Stoffe, Marmor, Onyx, Achat usw.).

Diese Penduletten gehen sehr oft eine Woche, ohne aufgezogen werden zu müssen (Achttage-Penduletten). Sie besitzen oft auch einen Wecker (Wecker-Penduletten) oder noch ein Kalenderwerk.

Die wasserdichte Uhr (la montre étanche). Es ist sehr natürlich, daß eine Uhr gewöhnlicher Bauart, wenn sie ins Wasser getaucht wird, sehr rasch Schaden leidet, wenn die Wirkung des Eindringens von Feuchtigkeit nicht sofort behoben wird. Das sich in der Uhr befindliche Wasser kann eine vollkommene Zerstörung des Werkes zur Folge haben. Es existieren alte Patente für *wasserdichte* oder *hermetische* Uhren *(montres étanches* ou *hermétiques)*, allein es war von geringem Interesse, diese Anordnungen auf Taschenuhren anzuwenden, weshalb diese Patente rasch wieder aufgegeben worden sind.

Die Sache wurde aus *zwei* Gründen wieder aufgenommen, erstens durch das immer stärkere Aufkommen der Armbanduhr und dann später durch den bei allen Bevölkerungsklassen sich immer mehr einbürgernden Wassersport.

Es kommt in der Tat sehr oft vor, daß man vergißt vor dem Händewaschen die Armbanduhr abzunehmen, wenn nicht gar ehe man sich ins Bad begibt. Einige ins Werk eingedrungene Tropfen Wasser genügen, um die Katastrophe herbeizuführen, wenn die Uhr nicht mindestens innert vierundzwanzig Stunden zum Uhrmacher gebracht wird. Seit ungefähr fünfzehn Jahren wurde das Problem eingehend studiert, und eine Menge von Patenten erblickten das Tageslicht. Einige Systeme sind wirkungsvoll, andere sind es weniger. Unseres Erachtens ist es immer gefährlich, seine Uhr mit Vorbedacht in das nasse Element zu tauchen. Eine aus der Fabrik hervorgegangene wasserdichte Uhr, die dort mit Spezialapparaten geprüft worden ist, kann durchaus wasserdicht sein. Es ist dies nicht unbedingt mehr der Fall, wenn sie durch die Hände eines Uhrmachers (rhabilleur) gegangen ist, der für diese Versuche nicht eingerichtet ist. Überdies wird die Wasserdichtigkeit manchmal durch plastische Massen hergestellt, die sich mit der Zeit zusammenziehen und hart werden. Der Uhrmacherdetaillist tut daher gut, seinem Kunden zu raten, die Versuche auf Wasserdichtigkeit bei seiner Uhr nicht zu übertreiben.

Aber auch selbst, wenn eine absolute *Wasserdichtigkeit (étanchéité absolue)* nicht vorhanden ist, so wird eine *relative Wasserdichtigkeit (étéanchité relative)* immerhin noch von großem Nutzen sein, namentlich auch, weil sie ganz wesentlich zur guten Erhaltung des Öls beiträgt.

Die Stoßsicherung (dispositifs anti-chocs). Seit mehreren Jahren konstruiert man Einrichtungen, um die Uhren vor den Einwirkungen der Stöße zu schützen. Man weiß in der Tat, daß eine Uhr, die aus einer gewissen Höhe herunterfällt, riskiert, Schaden zu nehmen. Die delikatesten Teile sind außer dem Glas die Unruhzapfen, die Steine und Decksteine des gleichen Mobils.

Die seit einigen Jahren erfundenen Einrichtungen gehen alle darauf aus, die vorgenannten Bestandteile zu schützen. Fast alle benützen hiefür elastische Zapfenlager. Die Beschreibung dieser Systeme würde zu weit führen, doch zeigen wir in Fig. 62 (Tafel VII) eines der bekanntesten, das System Incabloc. Mehrere dieser Einrichtungen sind durchaus wirkungsvoll, doch soll auch hier nicht übertrieben werden. Der Uhrmacherdetaillist suche seinem Kunden verständlich zu machen, daß selbst eine mit diesen Sicherheitseinrichtungen versehene Uhr immer noch auf eine gewisse sorgfältige Behandlung Anspruch machen darf, und daß es weder schicklich noch vernünftig ist, diese vom zweiten Stock auf die Straße zu werfen, so wenig wie ihr allzulange dauernde warme oder kalte Bäder zu verabfolgen.

Die Uhren mit Automaten (les montres avec automates) zeigen belebte Szenen, bei denen sich die darauf erscheinenden Personen in Bewegung setzen, wenn die Uhr schlägt (es sind dies allgemein Repetieruhren) oder wenn man den Mechanismus von außen in Gang setzt. Im letzten Jahrhundert waren diese Uhren sehr begehrt, während sie heute kaum mehr verlangt werden.

Die Uhr mit Sekunde aus der Mitte (la montre avec seconde au centre). Früher waren die kleinen Uhren nicht sehr oft mit einem Sekundenzifferblatt ausgestattet, denn man war mit Recht der Ansicht, daß die Kleinheit des Zifferblattes das Ablesen ziemlich erschweren würde. Nun hat man vor längerer Zeit einen Ausweg gefunden, indem man den kleinen, über einem besonderen Zifferblatt angebrachten Sekundenzeiger durch einen konzentrisch mit dem Stunden- und Minutenzeiger kreisenden ersetzte. Diese Anordnung hat sich ziemlich eingebürgert und man fabriziert heute eine Menge Armbanduhren *mit Sekunde aus der Mitte.* Ihr Aussehen ist ziemlich elegant, auch ist eine genaue Ablesung möglich. Die Sekunde aus der Mitte erfordert eine besondere Anordnung des Kalibers.

XXIV. KAPITEL

DIE ELEKTRISCHEN UHREN

Die Wirkung des Stromes bei den sogenannten elektrischen Uhren kann sich auf zwei verschiedene Arten äußern:

1. Der elektrische Strom ist die eigentliche treibende Kraft und unterhält die Bewegung einer einzelnen Uhr.

2. Die Elektrizität dient als Bindeglied zwischen mehreren Uhren und stellt unter diesen eine Übereinstimmung her. Eine dieser Uhren wird als Hauptuhr eingerichtet, nach der dann die übrigen synchronisiert werden.

Im ersten Fall wird der bei der mechanischen Uhr von Hand betätigte Aufzug des Gewichtes oder der Feder durch den von einem Element oder einem Dynamo gelieferten Strom besorgt. Die durch die Unvollkommenheit der Organe sich anhäufenden Gangabweichungen werden hier nicht vermieden noch korrigiert, weshalb diese Apparate, genau wie alle andern Uhren, auf der richtigen Zeit gehalten werden müssen. Es sind dies sogenannte *Einzeluhren (horloges indépendantes).*

Zu dieser Klasse gehört die für den Privaten bestimmte Uhr. Die Stromquelle kann in diesem Falle ein im Innern des Uhrgehäuses untergebrachtes Element sein. Auch kann das Werk für den Anschluß an den Lichtstrom konstruiert werden.

Wenn gut konstruiert, können gewisse Uhren dieser Art jahrelang gehen, ohne revidiert werden zu müssen; dagegen muß hie und da die Zeit richtig gestellt werden. Unter der großen Anzahl der Modelle dieser Einzeluhren hat es leider nicht viele, die absolut einwandfrei sind.

Im zweiten Falle kommt das Nachstellen auf die richtige Zeit ebenfalls nicht mehr in Frage, indem hier nur die Hauptuhren unter Kontrolle gehalten werden müssen. Sie werden aus diesem Grunde *Mutteruhren (horloges mères)* genannt, da die Zeit, die sie anzeigen, automatisch auf ein ganzes Netz von *Nebenuhren (horloges secondaires)* übermittelt wird. Das Ganze stellt ein *einheitliches elektrisches Zeitnetz* dar *(réseau d'unification d'heure par l'électricité).*

Die Systeme sind zahlreich; es existieren nicht nur Installationen für vereinheitlichte Zeitabgabe in gewissen Gebäuden (Fabriken, Banken, Hotels, Schulen), sondern auch solche für ganze Ortschaften (Le Locle, La Chaux-de-Fonds, Neuenburg usw.). Diese Installationen geben nicht immer volle Befriedigung, weil sie manchmal zu alt und ihre Systeme überholt sind, so daß sie nicht mehr in der Lage sind, den heutigen Anforderungen zu genügen.

XXV. KAPITEL

ÜBERSICHT ÜBER DIE FABRIKATION DER UHR

Man kann die Hersteller der Uhren in zwei große Gruppen einteilen: diejenigen, die tatsächlich die Uhr fabrizieren und über alle die kostspieligen Einrichtungen verfügen, die zur maschinellen Herstellung der Uhr nötig sind, und dann diejenigen, die sich begnügen, Rohwerke zu kaufen, um diese fertigzustellen.

Der Teil der Uhr, den man Rohwerk (ébauche) zu nennen pflegt, besteht aus dem Gestell, dem Räderwerk, dem Zeigerwerk sowie dem Aufzugsmechanismus. Die verschiedenen Bestandteile des Rohwerkes können in verschieden fortgeschrittenem Zustand geliefert werden, das heißt mehr oder weniger dem Zustande der fertigen Uhr sich nähernd. Die Rohwerkfabriken liefern auf Bestellung solche, die bereits mit Steinen versehen, versilbert oder vergoldet sind. Das Rohwerk wird von einem Trust angehörenden Spezialfabriken hergestellt. Es existieren Rohwerkfabriken im Vallée de Joux, im Val-de-Ruz, in der Gegend von Grenchen und Solothurn, im Berner Jura, im St. Immertal, im Val-de-Travers, in Peseux, im Tessin usw.

Die Fabrikation der kompletten Uhr oder des Rohwerks erfordert Maschinen, kostspielige Einrichtungen und Werkzeugausrüstungen, ein technisches Büro, eine mechanische Werkstätte usw. Für jedes Kaliber ist eine besondere Werkzeugausrüstung erforderlich, und die Produktion muß schon eine ziemlich beträchtliche sein, damit der Preis eines Kalibers nicht zu hoch wird. Dies ist der Grund, warum eine große Zahl von Fabrikanten es vorzieht, die Rohwerke zu kaufen.

Gewisse Bestandteile der Uhr werden von Spezialfabrikanten geliefert, so daß selbst größere Fabriken es vorziehen, diese zu kaufen, statt sie selbst anzufertigen.

Unruhen (Balanciers). Solche werden sozusagen überall hergestellt, allein der Mittelpunkt dieser Fabrikation befindet sich im Tal von La Sagne und von Les Ponts.

Das Ankerassortiment (l'assortiment à ancre) wird im Vallée de Joux, in Biel, im Berner Jura, besonders aber in Le Locle hergestellt. Das Assortiment umfaßt das Ankerrad, den Anker und die Hebelscheibe (plateau).

Das Zylinderassortiment (l'assortiment à cylindre) (Zylinderrad und Zylinder) wird in der Region von Maîche (Frankreich) fabriziert; es gibt auch einige Fabriken in der Schweiz, besonders in Le Locle.

Die *Spiralfedern (spiraux)* werden in La Chaux-de-Fonds, in Genf, Biel und St. Immer hergestellt.

Die *Steine (pierres)* werden sozusagen überall angefertigt.

Die *Zugfedern (ressorts-moteurs)*, die *Zifferblätter (cadrans)*, *Zeiger (aiguilles)* und die *Gehäuse (boîtes)* werden ebenfalls sozusagen überall fabriziert.

Die *Bügelknöpfe (pendants)* sowie die *Bügelringe (anneaux)* bilden das «*Sortiment*» *(assortiment)* (nicht zu verwechseln mit dem Ankerassortiment) und werden speziell in La Chaux-de-Fonds, Genf und in Champagne (Waadt) hergestellt.

Die *Gläser (verres* oder *glaces)* werden verschiedenenorts fabriziert oder zum mindesten ausgeschnitten.

Die *Schrauben (vis)*, die Brückenpfeiler *(pieds)*, die *Stiften (goupilles)* sowie alle auf dem Wege der automatischen Dreharbeit hergestellten Bestandteile werden sozusagen überall, besonders aber im Kanton Solothurn und im Berner Jura fabriziert.

Wir können nicht auf die Einzelheiten hinsichtlich der Fabrikation des Rohwerkes oder der einzelnen Bestandteile eintreten, führen aber hier die Folge der Arbeiten an, nach der die Uhr fertiggestellt wird.

Diese Fertigstellung erfolgt heute in *Stückarbeit* (parties brisées), was sagen will, daß jeder Arbeiter sich nur mit einer genau umschriebenen und sehr begrenzten Arbeit zu beschäftigen hat.

Nachstehend finden wir nun einen Fabrikationsplan, der abgeändert werden kann und bei dem gewisse Arbeitsvorgänge unbeschadet vertauscht oder gar ganz weggelassen werden können. Dieser heute genau befolgte Plan kann in einigen Jahren eine vollständige Umwälzung erfahren.

Sobald fertiggestellt oder aus der Fabrik eingetroffen, wird das Rohwerk *zum Setzen der Steine fortgeschickt (envoyée au posage de la pierre).* Wenn die Uhr mit Steinen ausgerüstet ist, folgt das Fassen der Steine bevor das Werk versilbert oder vergoldet wird. Wenn die Steine in Chatons gefaßt sind, werden letztere erst nachher eingesetzt, doch werden die für sie bestimmten Löcher vorher vorbereitet. Handelt es sich um *eingepreßte Steine* (pierres chassées), was heute meistens der Fall ist, werden die Steine vor der Vergoldung gesetzt, indem die Löcher vielfach schon von der Rohwerkfabrik vorbereitet worden sind.

Wenn die Steine gesetzt oder die Stellen für die Aufnahme der Chatons vorbereitet sind, erfolgt die *Gravur* der Nummern und Inschriften. Diese Inschriften werden heute fast allgemein mit der Maschine, durch eine hierfür besonders eingerichtete Firma ausgeführt.

Das Werk geht hernach zur *Vergoldung* oder *Versilberung (dorage* ou *argentage*). Diese Operationen haben den Zweck, das Messing mit einer dünnen Schicht von unveränderlichem Metall zu überziehen. Der Versilberung geht das Anbringen eines *Schliffes* voraus *(adoucissage)*, der auf den Brücken unter der Versilberung durchscheinende Zeichnungen bildet. Man kennt hier, je nach den Genres, die großen *Wellen (grandes vagues)*, die *Rippen (côtes)*, das *Damenbrett (damier)* usw. Die Vergoldung oder Versilberung geschieht auf dem Wege der Elektrolyse, in der Regel in den Werkstätten hierfür speziell eingerichteter Industrieller. Es ist empfehlenswert, die Vergolder- und Versilberungswerkstätten wegen den sich entwickelnden Säuredämpfen von der eigentlichen Fabrikation genügend entfernt zu halten, da sich dieselben in der Atmosphäre verbreiten und das Rosten der Stahlteile herbeiführen können.

Man wendet seit einigen Jahren ein elektrolytisches Überziehen mit *Rhodium* an, das unter dem Namen *Rhodiumisieren* bekannt ist. Weniger glänzend als Silber, aber unveränderlicher, gibt die Rhodiumisierung der Uhr ein nüchternes, seriöses Aussehen.

Das vergoldete oder versilberte Werk wird nun in sogenannte «*Cartons*» gelegt und geht *zum Zusammensetzen (passe au remontage).* Das Remontage besteht im Zusammenfügen aller zum Werk gehörenden Bestandteile, mit Ausnahme der Hemmung. Das Zusammensetzen des Werkes wird manchmal durch einen einzigen Arbeiter besorgt;

heute wird diese Arbeit aber oft geteilt. Spezialarbeiter besorgen in diesem Falle das Einsetzen der Zugfeder in das Federhaus, das Einsetzen desselben ins Werk, das Aufsetzen des Rückers auf den Coq, das Zusammensetzen des Räderwerkes usw.

Nun kommt die *Vollendungsarbeit (achevage)*. Man versteht hierunter das Einsetzen der Hemmungsorgane und deren Ingangsetzen. Diese Vollendungsarbeit ist seit einigen Jahren viel leichter geworden und geht schneller vor sich, da die Steine genauer gesetzt und die Hemmungen viel präziser ausgeführt sind. Dabei dürfen wir *achevage* und *finissage* nicht miteinander verwechseln. «Finissage» ist ein alter Werkstattausdruck und bedeutet Räderwerk oder sogar Rohwerk, einschließlich Räderwerk.

Die auf das Achevage folgende Arbeit ist das *Réglage*. Unter Réglage versteht man in der Uhrenfabrikation die Präparation der Unruh (Aufschneiden derselben, Rundrichten und ins Gleichgewicht setzen), die Auswahl der Spiralfeder, das Setzen derselben sowie das Anbringen der Kurve, wenn es sich um eine Breguet-Spiralfeder handelt. Diese Arbeiten werden meistens durch weibliches Personal ausgeführt.

Wie man sieht, bedeutet in der Uhrmachersprache der Ausdruck «Réglage» nicht das Regulieren der Uhr. Das Réglage geht manchmal der Vollendungsarbeit, dem «Achevage» voraus; der Acheveur erhält in diesem Falle die Unruhen bereits mit dem Spiral versehen zugestellt.

Die Werke gehen hierauf zum *Setzen des Zifferblattes (posage de cadrans)*. Diese Arbeit besteht in dem Aufpassen des Zifferblattes auf die Platine und dem Setzen der Zeiger.

Die Uhr wird hierauf in ein provisorisches Gehäuse (calotte) gesteckt, in Gang gesetzt und zur Ausregulierung (Retouche) weitergeleitet.

Die Retouche wird durch den *Regleur-Retoucheur* besorgt. Dieser macht die Gangbeobachtungen, unterwirft die Uhr — je nach ihrer Qualität — verschiedenen Prüfungen (Lagen, Temperaturen usw.) und besorgt die nötigen Korrekturen.

Nun ist die Uhr bereit zum Einsetzen ins Gehäuse; diese Operation wird vom *Emboîteur-Termineur* ausgeführt. Diesem Arbeiter ist auch die Verantwortlichkeit für das gute Funktionieren des Gehäuses und des Aufzugmechanismus überbunden.

Die fertiggestellte Uhr kommt dann und wann nochmals zum Regleur-Retoucheur zurück, der noch einmal die Regulierung kontrolliert. Diese Operation wird oft *contre-lanternage* genannt. «Lanterne» wird der verglaste Schrank genannt, in welchem die zur Beobachtung bestimmten Uhren gehängt werden.

Dies ist, wie wir oben gesagt haben, ein Plan, der eine Menge von Varianten in sich schließen kann. Wir haben gesehen, daß heute das Réglage dem Achevage vorangehen kann. Das Einpassen des Räderwerkes wurde früher «*en blanc*», das heißt vor dem Vergolden des Rohwerkes besorgt, ebenso das Einpassen des Werkes in das Gehäuse; diese Art des Vorgehens ist heute sehr rar geworden. Dem Setzen des Zifferblattes folgt bei gewöhnlichen Qualitäten unmittelbar das Einsetzen des Werkes in das Gehäuse. Die Retouche wird in diesem Falle bei der bereits fertigen Uhr gemacht und das Contre-lanternage fällt weg. Das Uhrgehäuse (Schale genannt) wurde früher vom Schalenmacher im Rohzustand geliefert; es mußte dann den Weg zur Polisseuse antreten, eventuell zum Dekorateur, zum Fertigmachen (finissage), worunter man das Zurichten der Scharnieren verstand, zum *Anbringen der Sprungfedern* bei Savonnette-Uhren (posage de secrets), wobei auch das Funktionieren der Sprungdeckelscharnieren und das Schließen der Deckel in Ordnung gebracht werden mußte. Heute wird das Gehäuse vom Schalenmacher allgemein ganz fertig geliefert.

Die *Gläser (verres, glaces)* werden vom Uhrenfabrikanten gesetzt, insofern es sich nicht um solche für wasserdichte Uhren handelt; im letzteren Falle geschieht dies durch den Gehäusefabrikanten.

An die Mobile der Hemmung mußten früher die Zapfen angedreht werden (pivotés), das heißt die betreffenden Bestandteile mußten auf ihre Wellen oder Achsen aufgepaßt werden; heute wird die Hemmung durch den Assortiment-Fabrikanten fertig pivotiert, also mit Wellen und Zapfen versehen, geliefert.

Ein auf der Höhe seiner Aufgabe stehender Fabrikationschef organisiert in richtiger Art und Weise seine Fabrikation, er stuft die Termine für die Ablieferung der verschiedenen Arbeiten so ab, daß keine Stockungen entstehen. Er vermeidet den Arbeitsandrang im einen Atelier, während im andern Arbeitsmangel sich bemerkbar macht. Er wird darüber wachen, daß die Fournituren im richtigen Augenblick

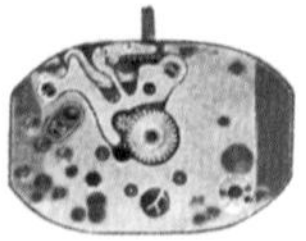

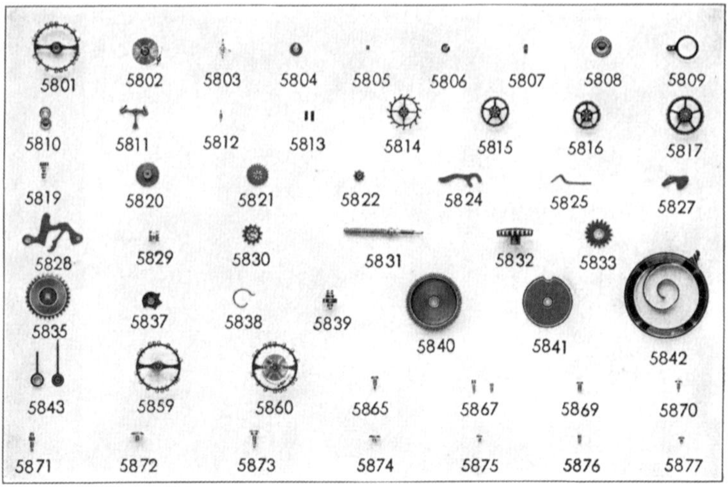
5801
5802
5803
5804
5805
5806
5807
5808
5809
5810
5811
5812
5813
5814
5815
5816
5817
5819
5820
5821
5822
5824
5825
5827
5828
5829
5830
5831
5832
5833
5835
5837
5838
5839
5840
5841
5842
5843
5859
5860
5865
5867
5869
5870
5871
5872
5873
5874
5875
5876
5877

1

2

TAFEL IX

3

4

5

6

TAFEL X

7

8

9

TAFEL XI

10

11

12

TAFEL XII

zur Stelle sind; er wird ebensowohl zu große, ruinöse Lager, wie Arbeitsunterbruch zufolge von Nichtvorhandensein dringend benötigter Bestandteile vermeiden.

Die Tafel VIII stellt gewisse Einzelteile einer Zenith-Uhr dar. Hier die Namen dieser Bestandteile:

3601 Einfacher Rückerzeiger
3602 Rückerzeiger mit Schwanenhalsführung
3604 Schwanenhals-Rückerfeder
2505 Führungsscheibe für Schwanenhals-Rücker
3506 Rückerplättchen (Coqueret)
3608 Breguet-Spiralfeder
3610 Unruh ohne Welle
3611 Unruh mit Welle und Hebelscheibe
3612 Unruh mit Hebelscheibe und Spiralfeder
3613 Unruhwelle
3614 Doppelrolle (Plateau double)
3615 Hebelstift (Cheville de Plateau, Ellipse)
3616 Anker
3617, 3618 Ankerhebesteine (Levées oder Palettes)
3619 Ankerwelle
4121 Decksteinplättchen
3622 Ankerrad
3623 Sekundenrad
3624 Kleinbodenrad
3625 Mittelrad (auch Minutenrad genannt)
3626 Viertelrohr (Chaussée)
3627 Federhaus (Barillet)
3628 Zugfeder
3629 Federhauswelle (arbre de barillet)
3632 Sperrad (Rochet)
3633 Sperrkegel (Cliquet oder Masse)
3635 Sperrfeder
3636 Kronrad (rochet de couronne)
3637 Kronradkern (noyau de couronne)
3639 Aufzugstrieb (Pignon de remontoir)
3640 Zeigerstelltrieb (Pignon coulant)
3641 Aufzugswelle (tige de remontoir)
3645 Erstes Übersetzungsrad (premier renvoi)
3646 Zweites Übersetzungsrad (deuxième renvoi)
3647 Wechselrad samt Trieb (roue et pignon de minutrie)
3648 Stundenrad, auch Stundenrohr genannt (roue à canon)
3653 Aufzugsbrücke mit Tirettefeder
3654 Wippenfeder (ressort de bascule)
3655 Wippe (bascule)
3659 Tirette oder Winkelhebel
3662 Ankerbrücke (pont d'ancre)
3663, 3665, 967, 3670, 3671 Steine
3676, 3677, 3679 Chatons
3681, 3683, 3684, 3685, 3687, 3688, 3690, 1792, 1793, 3694, 3695, 3696 Diverse Schrauben

Auf Tafel IX reproduzieren wir ein $5^{3}/_{4}$''-Doxa-Werk von der Zifferblattseite und von der Rückseite gesehen, sowie die einzelnen Bestandteile. Wir geben hier das Verzeichnis in drei Sprachen wieder:

5801	Balancier seul	Unruh ohne Welle	Balance without staff
5802	Spiral réglé plat	Flachspiralfeder, reguliert	Hairspring regulatet flat
5803	Axe de balancier	Unruhwelle	Balance staff
5804	Plateau	Hebelscheibe	Double roller
5805	Ellipse	Hebelstift	Ellipse
5806	Virole	Spiralfederrolle	Collet
5807	Piton	Spiralfederklötzchen	Stud
5808	Coqueret	Rückerplättchen	Balance cap
5809	Raquette	Rückerzeiger	Regulator
5810	Plaque de contrepivot	Deckplättchen	Lower end stone
5811	Ancre sans tige	Anker ohne Welle	Pallet
5812	Tige d'ancre	Ankerwelle	Pallet arbor
5813	Levées entrée et sortie	Eingangs- und Ausgangs-Hebesteine	Pallet stones
5814	Roue d'échappement	Ankerrad	Escape wheel
5815	Roue de champ	Sekundenrad	Fourth wheel
5816	Roue moyenne	Kleinbodenrad	Third wheel
5817	Grande moyenne	Minutenrad	Center wheel
5819	Chaussée	Viertelrohr	Canon pinion
5820	Roue à canon	Stundenrad	Hour wheel
5821	Minuterie	Wechselrad	Minute work
5822	Renvoi	Übersetzungsrad	Intermediate wheel
5824	Bascule	Wippe	Yoke
5825	Ressort de bascule	Wippenfeder	Yoke spring
5827	Tirette	Winkelhebel	Yoke holder
5828	Pont de mécanisme	Aufzugsbrücke	Clutch
5829	Pignon coulant	Zeigerstelltrieb	Clutch wheel
5830	Pignon de remontoir	Aufzugstrieb	Winding pinion
5831	Tige de remontoir	Aufzugswelle	Winding arbor
5832	Couronne	Krone	Crown
5833	Rochet de couronne	Kronenrad	Crown wheel
5835	Rochet de barillet	Sperrad	Ratchet wheel
5837	Masse	Sperrkegel	Click
5838	Ressort de masse	Sperrkegelfeder	Clickspring
5839	Arbre de barillet	Federhauskern	Arbor of barrel
5840	Tambour de barillet	Federhaus ohne Deckel	Drumm of barrel
5841	Couvercle de barillet	Federhausdeckel	Cover of barrel
5842	Ressort de barillet	Zugfeder	Mainspring
5843	Aiguilles heure et minute	Stunden- und Minutenzeiger	Hour minute hands

5845	Cadran métal	Metallzifferblatt	Metal dial
5859	Balancier pivoté	Unruh samt Welle	Balance with staff
5860	Balancier pivoté et réglé plat	Unruh mit Welle und flacher Spiralfeder	Balance with staff and hairspring flate
5865	Vis de pont longue	Lange Brückenschraube	Screw of bridge long
5867	Vis de cadran	Zifferblattschraube	Screw of dial
5869	Vis de barette	Ankerbrückenschraube	Screw of lever bridge
5870	Vis de pont de renvoi	Triebwerkbrückenschraube	Screw of clutch
5871	Vis de tirette	Winkelhebelschraube	Yoke holder screw
5872	Vis de rochet de barillet	Sperradschraube	Screw of ratchet wheel
5873	Vis de masse	Sperrkegelschraube	Screw of click
5874	Vis de rochet de couronne	Kronenradschraube	Screw of crown wheel
5875	Vis de plaque	Deckplättchenschraube	Screw of lower end stone
5876	Vis de piton	Klötzchenschraube	Screw of stud
5877	Vis de coqueret	Rückerplättchenschraube	Screw of balance cap

Die Tafeln IX (unten) bis XII stellen einige Uhren der Firma Doxa-Uhrenfabrik in Le Locle dar, wozu hier die Beschreibung:

1. Damenarmbanduhr, rechteckig, mit dicker Kordel und optischem Glas.
2. Damenarmbanduhr, quadratförmig, mit dicker Kordel und optischem Glas.
3. Damenarmbanduhr, quadratförmig, mit hornförmigen Bügeln.
4. Herrenarmbanduhr, rund, mit hornförmigen Bügeln.
5. Herrenarmbanduhr, wasserdicht und stoßgesichert, Sekundenzeiger in der Mitte.
6. Taschenuhr mit offenem Phantasieblatt.
7. Damenarmbanduhr, quadratförmig, mit dicker Kordel und geschliffenem Glas.
8. Damenarmbanduhr, rund, mit Kordel, Sekundenzeiger in der Mitte.
9. Damenarmbanduhr, wasserdicht und stoßgesichert, Sekundenzeiger in der Mitte.
10. Herrenarmbanduhr, rund, mit hornförmigen Bügeln.
11. Herrenarmbanduhr, rund, mit hornförmigen Bügeln, Sekundenzeiger in der Mitte.
12. Herrenarmbanduhr, rund, mit hornförmigen Bügeln, automatischer Aufzug, Sekundenzeiger in der Mitte, wasserdicht und stoßgesichert.

Die Tafeln XIII und XIV stellen einige aus dem Jahre 1945 datierende Uhren der Firma Charles Tissot & fils S. A. in Le Locle dar; nachstehend die Legende:

1. Taschenuhr mit gemischtem Zifferblatt.
2. Armbanduhr-Chronograph mit Stundenzähler.
3. Wasserdichte Uhr mit Selbstaufzug, Durchmesser 35 mm.
4. Herrenarmbanduhr, gemischtes Zifferblatt, Goldzahlen.
5. Extraflache Herrenarmbanduhr, mit Sekunde aus der Mitte.
6. Damenarmbanduhr mit dicker Kordel. gemischtes Zifferblatt.

Was die Tafeln XV und XVI anbetrifft, so stellen diese einige Uhrentypen der Uhrenfabrik Zenith S. A. in Le Locle dar, wofür hier ebenfalls die Legende:

1. Taschenuhr, Bassine-Form.
2. Taschenuhr.
3. Taschenuhr mit gemischtem schwarzem Zifferblatt und Stock-Zeigern.
4. Herrenarmbanduhr mit Sekunde aus der Mitte und Breguet-Zeigern.

5. }
6. } Herrenarmbanduhren.

7. }
8. } Damenarmbanduhren.

XXVI. KAPITEL

DIE SCHMIERUNG

Die Uhr muß, wie jeder andere Apparat, geschmiert werden. Wenn dies nicht geschieht, wird man sehr bald ein Festlaufen der hauptsächlichsten Organe, gepaart mit einer raschen Abnützung, die schlimme Folgen haben kann, feststellen können.

Das Problem der Schmierung der Uhren ist durchaus kein einfaches, und zwar aus folgenden Gründen.

1. Es ist unmöglich, der Uhr größere Quantitäten Öl zuzuführen.

2. Die Schmierung oder Ölung kann nicht in sehr kurzen Zeitabständen erfolgen, denn sie erfordert das Eingreifen des Uhrmachers und eine vollständige oder wenigstens teilweise Zerlegung des Werkes.

3. Die Öle, die für gewisse Mobile passend sind, passen wieder nicht für andere, und die Gattung des Schmiermittels für das Federhaus kann zum Beispiel nicht die gleiche sein wie für die Unruh.

4. Die Uhr kann sehr verschiedenen Temperaturen ausgesetzt sein, so daß die Ölsorten, die sich für niedrige Temperaturen vorzüglich eignen, sich in den hohen Temperaturen gar nicht bewähren.

Es geht nicht in den Rahmen dieser Arbeit, genaue Angaben über die Schmierungsmethoden zu vermitteln, man möge aber immerhin folgendes beachten:

Äußerste Reinlichkeit ist oberstes Gebot. Es ist absolut untersagt, irgendwohin Öl ohne vorherige Reinigung zu verabreichen. Die Ölmenge soll sehr genau abgemessen werden, denn das Zuviel ist gerade so schädlich wie das Zuwenig.

Die Uhrmacher und Uhrenhändler tun gut, ihren Kunden zu empfehlen ihre Uhren reinigen zu lassen, bevor sie stillstehen, das heißt die großen mindestens alle drei und die kleinen alle Jahre.

Es gilt als allgemeine Regel, die flüssigen Öle für die schnell rotierenden Mobile (Unruh, Hemmung) zu verwenden, während diejenigen von größerer Zähigkeit (Viskosität) oder selbst Fette, bei den langsam sich drehenden (Federhaus, Aufzugmechanismus), die auch einen wesentlich höheren Druck auszuhalten haben, zur Anwendung kommen.

Auch hat man, soviel wie immer möglich, den Temperaturen Rechnung zu tragen, unter denen die Apparate ihre Funktionen auszuüben haben; bei niedrigen Temperaturen haben die Öle die Neigung, sich zu verdicken oder selbst zu gerinnen. Bei hohen Temperaturen werden die Öle sehr oft zu flüssig. In der Regel ertragen die animalischen und vegetabilischen Öle (Klauenöl, Rüböl) die niedrigen Temperaturen schlecht, während die Mineralöle, die bei niedrigen Temperaturen flüssig bleiben, bei höheren Temperaturen die Neigung zum Verlaufen zeigen. Man stellt heute gewisse Mischungen her, die bei allen nicht außergewöhnlichen Temperaturen sehr gute Resultate zeitigen.

XXVII. KAPITEL

WIE BEURTEILT MAN DIE QUALITÄT EINER UHR?

Nur ein Berufsmann ist in der Lage, in einer durchaus sicheren Art und Weise die Qualität einer Uhr zu beurteilen. Eine mit etwas gutem Geschmack begabte Person, die über einige Kenntnisse in der Uhrmacherei verfügt, kann sich aber doch durch eine äußere Prüfung darüber Rechenschaft geben, ob Sorgfalt, Gewissenhaftigkeit und guter Geschmack bei der Konstruktion einer Uhr vorgewaltet haben. Hier einige der Punkte, auf die sich die Prüfung beziehen kann:

Bevor man das Gehäuse öffnet. Dieses soll von eleganter Form und in allen Teilen gut proportioniert sein. Der Glasreif und der Gehäuseboden sollen auf dem Gehäuserand (Carrure) ohne nennenswerten Zwischenraum abschließen, auch sollen Glasreif und Boden den Gehäuserand nicht überragen, noch darf das Umgekehrte der Fall sein (bassinage). Die Scharnieren sollen schön abgerundet sein.

Der *Bügelknopf (pendant)* soll schön gerade angelötet sein, und der Bügelring (anneau) soll parallel zum Gehäuse stehen; die Aufzugskrone soll sich schön an den Bügelknopf anschmiegen.

Früher verlangte man sehr flache Zifferblätter; heute verwendet man bei der Armbanduhr das gewölbte oder halbgewölbte Zifferblatt. Wenn das Zifferblatt Ausdrehungen aufweist, sollen die Ränder sehr sauber ausgeführt sein. Die Färbung soll eine einheitliche sein, ohne Körner oder Flecken. Der innere Rand des Glasreifens (réhaut) soll auf dem Zifferblatt aufliegen und außerhalb des Minutenkreises einen gleichmäßig breiten Rand lassen, ungefähr 1 mm für Uhren, die größer sind als 18″ und $\frac{1}{2}$ bis $\frac{3}{4}$ für kleinere Uhren. Die Zeiger sollen von reiner Färbung sein, ohne Kratzer oder Spuren von Werkzeugen. Man beachte besonders die Art, wie der Minutenzeiger auf das Viertelrohr aufgesetzt ist.

Bei runden Uhren soll die Länge der Zeiger im Verhältnis zur Bemalung des Zifferblattes stehen. Man nimmt an, daß die Spitze des Stundenzeigers bis ans erste Drittel der Stundenziffern reicht und der Minutenzeiger bis außerhalb des Minutenkreises. Wenn es sich um ein Zifferblatt mit Minutenkreis handelt (Louis XV), soll der Zeiger so lang sein, daß er die Minutenziffern erreicht.

Der Sekundenzeiger soll sich konzentrisch zu seinem Zifferblatt bewegen. Das Zeigerauge soll so groß sein, daß das Zeigerloch im Zifferblatt nie sichtbar wird.

Die Zeiger sollen sich parallel zum Zifferblatt bewegen, wobei die Spitze des Minutenzeigers ein wenig nach unten gebogen sein soll.

Bei der Formuhr ist die *Länge der Zeiger* bedingt durch die Ziffern oder Zeichen, die dem Zentrum des Zifferblattes am nächsten sind. Man hat auch besonders darauf zu achten, wie das Glas gesetzt ist; die Formgläser haben nämlich den großen Nachteil, dem Staub Durchlaß zu gewähren, wenn sie nicht einwandfrei gesetzt sind. Es ist daher fast immer angezeigt, etwas Leim oder Kitt in den Glasfalz einzuführen. Man prüfe auch den Zwischenraum zwischen dem Zifferblatt und dem Glasreif; derselbe soll überall gleichmäßig sein.

Der *Aufzug* soll sanft sein und keine Reibung aufweisen. Die durch das Gesperr erzeugten Geräusche sollen bestimmt, aber nicht zu hart sein; man liebt in der Regel, daß das Geräusch, das von dem Ausklinken des Zeigerstellrades herrührt, etwas schwächer ist als dasjenige verursacht durch das Einfallen des Sperrkegels.

Die Zeigerstellung (tirage) soll sehr bestimmt sein, aber keinenfalls zu hart oder zu schwer. Es muß vollkommen ausgeschlossen sein, daß die Aufzugswelle eine Stellung einnehmen kann, die in der Mitte zwischen Aufzug und Zeigerstellung steht.

Die Zeigerstellung soll sich ohne Stöße und ohne Kratzen ausführen lassen. Sie darf nicht zu schwer, aber auch nicht zu leicht gehen. Nicht zu schwer, damit durch die Betätigung beim Zeigerstellen keine Störungen im Werk erfolgen; nicht zu leicht, damit die Zeiger sich nicht von selbst verschieben oder durch von außen erfolgende Stöße verschieben lassen.

1

2

3

TAFEL XIII

4

5

6

TAFEL XIV

1

2

3

4

TAFEL XV

5

6

7

8

TAFEL XVI

Bei einer Doppeldeckeluhr hat man auch die Funktion des Sprungdeckels zu prüfen. Wenn man auf die Krone drückt, soll sich der Deckel in Bewegung setzen und sanft anhalten, bevor er ganz offen ist. Wenn der Deckel auf den Druck hin sich vollständig öffnet, wird die Uhr bald aus den Fugen gehen. Der Deckel soll sich auch mit einem sanften Knack wieder schließen.

Flache Ränder (bord plats). Man nennt flache Ränder die flachen Teile der Gehäuseböden und des Glasreifes. Diese Teile sind besonders sichtbar — vor allem diejenigen des Gehäuserandes, noch mehr jene des Bodens —, wenn man das Gehäuse öffnet. Diese flachen Ränder sind von einem ausnehmend schönen Anblick, wenn sie ganz flach, gut poliert und frei von jeglicher Beschädigung sind. Diese Betrachtungen haben nur für die *runde* Uhr Geltung.

Die Oberfläche der Brücken ist, den Qualitäten entsprechend, (zum Beispiel bei ganz ordinären Qualitäten) grob geschliffen, vergoldet, versilbert oder rhodiumisiert. Der Versilberung geht ein Schliff (adoucissage) voraus, wodurch auf den Brücken Zeichnungen entstehen, Kombinationen von Linien usw. Die Anforderungen an eine Uhr von feiner Qualität sind: durchaus flache Oberflächen; die gebrochenen Kanten (Schrägkanten) sollen schön regelmäßig dem Rande der Brükken entlang verlaufen; der Platz für die Schrauben soll von einer sauberen Ausfräsung umgeben sein; man soll nirgends Spuren von Grat wahrnehmen können. Die Versilberung soll weiß und nicht grau oder gelb sein. Auch soll sich kein Kratzer oder Flecken bemerkbar machen. Wenn das Werk vergoldet ist, soll die Körnung fein und einheitlich sein. Die Zwischenräume zwischen den Brücken sollen als Zeichen einer sorgfältigen Konstruktion des Kalibers, durchwegs regelmäßig sein.

Die Schrauben sind bei einer einigermaßen anständigen Qualität stets poliert. Man kennt: einfach flach polierte Schrauben, flach polierte Schrauben mit polierten Kanten, Schrauben mit abgeschrägten, polierten Schlitzkanten. Die Schrauben dürfen keine Spuren des Schraubenziehers aufweisen. Die Schraubenköpfe sollen genau mit der Oberfläche der Brücke bündig sein. Die Tiretteschraube und diejenigen der Bride dürfen um ein weniges vorstehen sowie jene, welche zur Befestigung des Werkes im Gehäuse dienen.

Die dem Auge sichtbaren Stahlteile (Sperrkegel, Sperrfeder, Rükkerzeiger und Rückerplättchen) sind schon in den Mittelqualitäten stets poliert. Eine schöne Politur soll «schwarz» sein und von tiefen Reflexen. Ein schlecht polierter Stahlteil dagegen weist graue, verzinntem Blech ähnliche Reflexe auf. Eine gute Stahlpolitur darf keine Risse und wellenartigen Schimmer zeigen. Bei den feineren Qualitäten sind die polierten Stahlteile mit gebrochenen, polierten Kanten versehen. Die Aussenkungen für die Schrauben haben ebenfalls einen polierten Rand, der je nach den Fabrikationszentren «contrefraisure», «moulure» (Gesims) oder «œil de perdrix» (Rebhuhnauge) genannt wird.

Die Sperräder. Der Vollendung der Sperräder kommt eine große Bedeutung hinsichtlich des Aspektes der Uhr zu. Der einfache Schneckenschliff wird bei den kuranten Uhren angebracht; er wird durch vom Zentrum gegen den Rand zustrebende Kurvenlinien erzeugt.

Der Schneckenschliff mit abgeschrägtem Zahnkranz (colimaçonnage avec denture biseautée) weist überdies eine polierte Abschrägung des Zahnkranzes auf.

Der Schneckenschliff *mit kleinem Hohlrand* und poliertem abgeschrägtem Zahnkranz (*colimaçonnage avec petite gouge et denture biseautée*) hat überdies noch ein schmales, poliertes Hohlrändchen.

Die Aufzugsräder *mit großer Hohlkehle (à grande gouge)* haben eine polierte Hohlkehle, die sich bis nahe an den Zahnkranz ausdehnt; dieser selbst ist abgeschrägt und poliert.

Die *diamantierten* Aufzugsräder *(rochets diamantés)* werden durch ein Spezialverfahren hergestellt und stellen eine dem sogenannten Moiré ähnliche Oberfläche dar. Die Diamantierung ist oft von einem polierten Rand begleitet, der um die Verzahnung herumläuft. Die diamantierten Aufzugsräder, wie übrigens auch die mit großer Hohlkehle, sind sehr kostspielig.

Was die Steine und deren Fassungen anbetrifft, lese man die Kapitel XV und XVI nach.

Bei der ganz feinen Uhrmacherei ist es Sitte, die nicht sichtbaren, verdeckten Teile der Uhr mit ebensoviel Sorgfalt fertigzustellen wie die sichtbaren, dem Auge zugänglichen. Das Abheben des Zifferblattes offenbart, ob der Fabrikant seine Sorgfalt nur den sichtbaren Teilen der Uhr zugewendet hat.

Die Kontrolle der Schwingungsweite. Es ist ganz unerläßlich, daß die Unruh einer Ankeruhr eine genügende Schwingungsweite aufweist. Wenn die Schwingungsweite zu gering ist, so wird eine genaue Regulierung unmöglich sein. Übrigens mißt die Kundschaft (Grossist wie Detaillist) dem Umstand, daß eine Uhr einen guten Gang macht, eine große Bedeutung bei (siehe Kapitel VI).

Wir wenden hier das Wort Schwingungsweite in dem von den Uhrmachern (übrigens zu Unrecht) beigemessenen Sinne an. Für diese bedeutet die Schwingungsweite die ganze durchlaufene Winkelstrecke der Unruh. Die Schwingungsweite ist ziemlich leicht zu kontrollieren; es genügt, einen der Schenkel zu beobachten, der nur dann sichtbar wird, wenn die Unruh am Ende ihrer Schwingung anhält.

Von einer guten Uhr mittlerer Qualität kann man folgendes verlangen: Wenn die Uhr ganz aufgezogen ist, soll die Schwingungsweite in horizontaler Lage 1½ bis 1¾ Umdrehungen erreichen. Nach 24 Stunden Gang soll diese noch 1¼ Umdrehungen im Minimum betragen.

Die Schwingungsweite ist stets geringer, wenn die Uhr in vertikaler Lage läuft; die Schwingungsweite soll indessen nicht mehr als eine Viertelsumdrehung geringer sein als diejenige bei gleicher Federspannung in horizontaler Lage.

EINFLUSS DES MAGNETISMUS

Der Magnetismus ist ein sehr deutlicher Störungseinfluß auf den Gang der Uhr. Ein beträchtliches magnetisches Feld verursacht das Stillstehen einer Uhr. Diese Störung ist übrigens ziemlich selten. Dagegen offenbart sich ein magnetisches Feld von mittlerer Stärke auf zwei Arten:

1. Während der Einwirkung des Feldes selbst auf die Uhr macht sich *die temporäre Wirkung* geltend.

2. Nach dem Aufenthalt der Uhr im magnetischen Feld ist es *die übrigbleibende Wirkung*, die sich bemerkbar macht.

Diesen beiden Wirkungen sind ziemlich schwierig zu untersuchen, aber gewöhnlich erzeugt die temporäre Wirkung in einem nicht sehr bedeutenden Feld ein leichtes Nachgehen, in starken magnetischen Feldern dagegen ein starkes Vorgehen.

Eine Uhr, die in einem magnetischen Feld geweilt hat, wird *magnetisch* und geht dann gewöhnlich nach.

Es bestehen selbstverständlich magnetische Felder in der Nähe von Magneten, aber auch in der Nähe von allen Leitern, die von elektrischen Strömen durchflossen werden. Die Wechselströme erzeugen immerhin keine magnetischen Felder, die fähig wären, ein Magnetisieren der Stahlteile zu bewirken. Dagegen hüte man sich vor Gleichstrommaschinen (tramways) und gewissen Apparaten, die große Magnete besitzen: Telephonhörer, Lautsprecher usw.

Wie schützt man nun aber eine Uhr gegen die Einwirkungen des Magnetismus? Man hat bisweilen sogenannte Schutzschirme benützt. Heute begegnet man dem Magnetismus, indem man die delikaten Organe aus Metallen herstellt, die gegen denselben nicht oder zum mindesten nur in geringem Maße empfindlich sind. Man verwendet zum Beispiel die Elinvar- oder die Nivarox-Spiralfeder in Verbindung mit einer Unruh aus Bronze, Nickellegierung, Messing oder Glucydur. Man benützt auch nichtmagnetische Metalle für die Herstellung des Ankerrades, des Ankers und der Hebelscheibe (plateau). Es ist jedoch zweckmäßig, sich zu merken, daß keine Uhr *vollkommen amagnetisch* ist, das heißt vollständig unempfindlich gegen die Einwirkung starker magnetischer Felder. Eine Uhr kann *praktisch amagnetisch* sein. Eine magnetisch gewordene Uhr kann durch Spezialapparate, die im Handel erhältlich und nicht teuer sind, entmagnetisiert werden. Der Magnetismus ist durch die Anwendung einer empfindlichen Magnetnadel feststellbar. Man verwendet oft das Wort «antimagnetisch» an Stelle von amagnetisch; dies sollte als unpassend zurückgewiesen werden.

XXVIII. KAPITEL

DIE GANGKONTROLLE

Ein Tag hat 86 400 Sekunden; nun variiert ein sehr guter Chronometer nicht mehr als eine Sekunde pro Tag, trotz der verschiedenen Lagen die er einnimmt und den verschiedenen Temperaturen, die auf ihn einwirken. Der Fehler ist daher in der Größenordnung von

$$\frac{1}{100\,000}$$

Um eine gleiche Genauigkeit zu erreichen, müßte eine Waage, die fähig ist, einen Waggon von 20 000 kg zu wiegen, dies mit einer Genauigkeit von 200 g zu tun imstande sein.

Es ist natürlich klar, daß die überwiegende Mehrzahl der Taschenuhren nicht eine derartige Präzision aufzuweisen in der Lage wäre. Stellen wir indessen fest, daß ein Fehler von der Größenordnung von 1 ‰ (ein Promille) eine Abweichung von 2 Minuten pro Tag erlauben würde, und daß eine höhere Präzision enorm ist für die Mehrzahl der Meßinstrumente, während sie ungenügend ist für die ordinärste Uhr. Der Uhrmacher-Detaillist wird daher gut tun, seiner Kundschaft diese Dinge begreiflich zu machen. Er wird auch versuchen, diese zu überzeugen, daß man nicht das Unmögliche von einem Instrument verlangen kann, das, wie die Uhr, in Ausübung seiner Funktionen so harten Prüfungen ausgesetzt ist hinsichtlich Stößen, Temperaturen und Lagenveränderungen. Er wird ihr ferner begreiflich machen, daß eine Uhr mittlerer Qualität und daher auch mittleren Preises, eben kein Marine-Chronometer ist. Er wird ihr auch sagen, daß öftere Überholungen und Reinigungen (für die kleinen Uhren mindestens jedes Jahr) durchaus nötig sind.

Man nennt den *Gang (marche)* einer Uhr die Zeit, die sie in einem gewissen Zeitraum vor oder nach geht. Die Gangkontrolle wird an

Hand von Vergleichen mit Präzisions-Zeitmeßinstrumenten, Pendel uhren oder Chronometern durchgeführt.

Diese Apparate werden selbst wieder durch Zeitsignale kontrolliert, die von gewissen wissenschaftlichen Instituten (Bureau International in Paris, Observatorium in Neuenburg) ausgesendet werden. Diese Anstalten besitzen *Normaluhren*, sogenannte «*garde-temps*», die selbst wiederum durch astronomische Beobachtungen kontrolliert werden.

Die Vergleichung einer Uhr mit einem Regulator wird in der Regel folgendermaßen ausgeführt: Man beobachtet den Sekundenzeiger des Regulators, wenn der Sekundenzeiger der Uhr eine gewisse, stets gleiche Stelle (zum Beispiel 60) durchläuft. Man beobachtet also die Uhr immer, wenn der Zeiger auf der gleichen Sekunde ist und notiert die in diesem Moment angezeigte Zeit des Regulators. Auf diese Weise schaltet man den Ablesefehler, der von einer unregelmäßigen Einteilung des Sekundenzifferblattes herrührt, aus.

Die vom Regulator im Augenblick der Beobachtung angegebene Anzahl Sekunden wird die *Korrektur (correction)* genannt. Wenn der Intervall zwischen zwei Beobachtungen 24 Stunden beträgt, so ist die Differenz zwischen den Korrekturen der «*tägliche Gang*» *(marche diurne)* der Uhr. Wenn die die Korrekturen angebende Zahl im Zunehmen begriffen ist, geht die Uhr nach, indem der Regulator vorzugehen scheint, und umgekehrt.

Man bezeichnet Vor und Nach durch bestimmte Zeichen, gewöhnlich + für Vor und — für Nach.

Die guten Uhren werden stets in mehreren Lagen beobachtet und diese Lagen oder Stellungen werden oft durch die folgenden Abkürzungen bezeichnet:

Horizontale Lage, Zifferblatt oben	c. h.
Horizontale Lage, Zifferblatt unten	c. b.
Vertikale Lage, Bügel oben	p. h.
Vertikale Lage, Bügel rechts	p. d.
Vertikale Lage, Bügel links	p. g.

Die Uhren mittlerer Qualität werden nur in der horizontalen Lage «Zifferblatt oben» und in der vertikalen «Bügel oben» beobachtet.

Die Differenz zwischen zwei aufeinanderfolgenden täglichen Gängen heißt «*Abweichung des täglichen Ganges*» *(variation de la marche diurne).*

Die Abweichung pro 1 Grad Celsius wird oft «*Thermischer oder Wärme-Koeffizient*» *(coefficient thermique)* genannt. Den sekundären Fehler haben wir im Kapitel VI bereits definiert.

XXIX. KAPITEL

OFFIZIELLE KONTROLLBÜROS UND CHRONOMETRISCHE OBSERVATORIEN

Offizielle Kontrollbüros für den Gang der Uhren (bureaux officiels de contrôle de la marche des montres) existieren in Biel, La Chaux-de-Fonds, Le Locle, Le Sentier und St. Immer. Diese Büros werden durch eine von den Kantonen Bern und Neuenburg ernannte Kommission inspiziert. Sie nehmen die Uhren entgegen, die ihnen zur Kontrolle überwiesen werden und unterwerfen diese verschiedenen Prüfungen, um ihren Gang zu bestimmen. Wenn eine Uhr allen diesen Prüfungen volle Genüge leistet, erhält sie einen *Offiziellen Gangschein*, ein *Bulletin officiel*.

Diese Büros nehmen Taschenuhren, Armbanduhren, 8-Tageuhren und komplizierte Uhren zur Kontrolle entgegen. Man kann sich das Reglement von irgendeinem dieser oben genannten Büros beschaffen. Die Uhren mit bemerkenswert gutem Resultat erhalten einen Gangschein mit dem Vermerk «*Resultat de marche particulièrement bon*» (Besonders gute Ergebnisse). Die Anforderungen dieser Büros entsprechen denjenigen, die man an eine gute bürgerliche Uhr stellen kann. Die Uhren mit Bulletin haben das Anrecht auf die Bezeichnung «*Chronometer*».

Es ist vielleicht nicht angezeigt, hier Einzelheiten betreffend der Prüfungen wiederzugeben; indessen wollen wir hier die Anforderungen für eine Armbanduhr nennen:

	Ohne Vermerk	Mit Vermerk
1. Mittlerer täglicher Gang in den 5 Lagen . .	0 bis + 25	0 bis + 15
2. Mittlere Abweichung vom täglichen Gang in den 5 Lagen	8	5
3. Größte Abweichung zwischen zwei aufeinanderfolgenden täglichen Gängen in der gleichen Lage	16	10

	Ohne Vermerk	Mit Vermerk
4. Größte Differenz zwischen dem mittleren täglichen Gang (1) und einem der Gänge in den 5 Lagen	± 26	± 16
5. Abweichung pro 1 Grad Celsius	± 1,4	± 0,8
6. Wiederaufnahme des Ganges	± 14	± 8

Das Zeichen + bedeutet Vorgehen, das Zeichen — Nachgehen.

Astronomische und chronometrische Observatorien. Nachfolgend erwähnen wir einige wissenschaftliche Institute, welche die Beobachtung von Chronometern gestatten:

In der Schweiz die Observatorien von Genf und Neuenburg.
In Frankreich das Observatorium von Besançon.
In England das Observatorium von Kew-Teddington.

Gewisse Seefahrt treibende Länder besitzen außerdem Institute oder Laboratorien für die Kontrolle ihrer Chronometer. Deutschland besitzt ein solches Etablissement in Hamburg, die Vereinigten Staaten eines in Washington.

In allen diesen Instituten sind die Prüfungen viel strenger als diejenigen der vorerwähnten offiziellen Büros. Das Observatorium von Neuenburg verabfolgt Bulletins für:

Marine-Chronometer I. Klasse.
Marine-Chronometer II. Klasse.
Bord-Chronometer I. Klasse.
Taschen-Chronometer I. Klasse.
Taschen-Chronometer II. Klasse.
Chronometer, die für das Tragen am Arm bestimmt sind.
Präzisions-Pendeluhren.

Die Dauer der Prüfung variiert zwischen 28 Tagen und 3 Monaten. Das Observatorium pflegt (übrigens rein als Ehrensache) den besten Chronometern und besonders den besten Chronometern einer Serie Preise zuzuerkennen.

Hier in dokumentarischem Sinne die im Jahre 1943 für den besten Bord-Chronometer erzielten Resultate:

Mittlere Abweichung des täglichen Ganges	+ 0,09	s
Thermischer Koeffizient	+ 0,007	s
Sekundärer Fehler	+ 0,06	s
Wiederaufnahme des Ganges	+ 0,30	s
Tägliche Abweichung des Ganges zwischen hängend und liegend .	+ 0,40	s
Mittlere Abweichung, einem Lagenwechsel entsprechend	+ 0,29	s

Das Observatorium von Neuenburg hat im Jahre 1943 682 Chronometer geprüft.

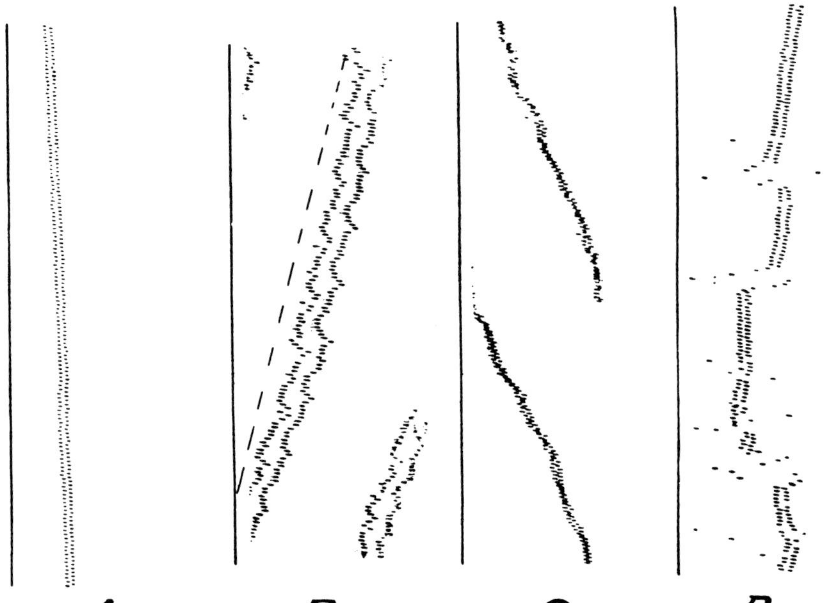

Fig. 63. Markierungsstreifen des «Vibrograf».

Die Regulierung der Chronometer und die Wettbewerbe an den Observatorien stellen ein gewisses wissenschaftliches Interesse dar; diese Wettbewerbe sind indessen für viele Fabrikanten vor allem eine Frage der Reklame.

Noch eine Bemerkung: Damit ein Chronometer als ausgezeichnet gilt, ist es nicht nötig, daß sein Gang genau der gleiche ist wie derjenige des Regulators, mit welchem man ihn vergleicht; mit andern

Worten: es ist nicht nötig, daß er haargenau auf die mittlere Zeit reguliert ist.

Eine Uhr, die alle Tage drei Sekunden vorginge, wäre ein einwandfreies Instrument. Die Observatorien tragen übrigens diesem regelmäßigen Vor- oder Nachgehen nicht Rechnung. Es ist indessen für den bürgerlichen Gebrauch vorzuziehen, wenn dieser Unterschied so gering wie möglich ist. Man benützt seit einigen Jahren Apparate, um

Fig. 64. Ansicht des «Vibrograf».

augenblicklich den Gang der Uhren zu ermitteln. Man gelangt vermittels verschiedener Verfahren dazu, in einigen Sekunden festzustellen, welches der Gang der Uhr in 24 Stunden sein würde, wenn dieselbe während dieser Periode den gleichen Bedingungen unterstellt wäre, wie dies der Fall war als sie im Apparat beobachtet wurde.

Diese Apparate sind von großem Nutzen für den Regleur. Sie gestatten diesem, in einem Minimum von Zeit Fehler herauszufinden, die sonst eventuell nicht gefunden würden. Es kann in der Tat ganz gut vorkommen, daß eine Uhr während 8 Stunden vorgeht, während weiteren 8 Stunden ungefähr richtig geht und nachher nachgeht. Der Gang während 24 Stunden könnte daher normal erscheinen, während sich die Uhr in Wirklichkeit Unregelmäßigkeiten hat zuschulden kommen lassen. Diese Apparate sind auch sehr wertvoll für den uhrenreparierenden Uhrmacher (Uhrmacher - rhabilleur), der sich damit sehr rasch über den Gang einer Uhr orientieren kann und einen eiligen Kunden zu befriedigen in der Lage ist.

Einer der letzterschienenen und vollkommensten ist der unter dem Namen «Vibrograf» bekannte Apparat. Die zu prüfende Uhr wird auf ein Spezialmikrophon gelegt. Die hörbaren Schläge werden in elektrische Stöße umgewandelt. Diese wirken auf einen Elektromagneten, der Striche auf einen Papierstreifen druckt. Die Zeitbasis ist ein elektrischer, durch einen Kristall gesteuerter Schwingungskreis. Wenn die Uhr genau reguliert ist, bildet die Reihenfolge der Striche eine parallel mit dem Rande des Papierstreifens verlaufende Linie (*A*, Fig. 63). Wenn die Linie gegen die Rechte geneigt ist, geht die Uhr vor (*B*), wenn sie gegen die Linke neigt, geht sie nach (*C*). Wellenartige oder unterbrochene Linien weisen auf Konstruktionsfehler hin (*B* und *D*, Fig. 63). Fig. 64 zeigt den Apparat, in der Mitte das Mikrophon.

XXX. KAPITEL

LE LABORATOIRE SUISSE DE RECHERCHES HORLOGÈRES

(Das schweizerische Laboratorium für Uhrenforschung)

Das Laboratoire Suisse de Recherches horlogères, gegründet im Jahre 1924 in Neuenburg, hat gemäß seinen Statuten folgende Zweckbestimmung:

a) Ausführung von für die praktische Verwendung geeigneten Forschungen, sei es im allgemeinen Interesse, sei es auf Verlangen von Industriellen oder andern Personen, unter der Bedingung, daß dieselben direkt oder als Kollektivmitglieder dem Laboratorium angeschlossen sind.

b) Erteilen von Auskünften und zur Verfügungstellung von einer ausführlichen, wissenschaftlichen Dokumentation an Interessenten.

c) Auf Verlangen Kontrollieren von durch die Industriellen benützten Meßapparaten.

XXXI. KAPITEL

DIE UHRMACHERAUSBILDUNG IN DER SCHWEIZ

Die Schweiz besitzt gegenwärtig sieben Uhrmacherschulen: Genf, La Vallée (Le Sentier), Le Locle, La Chaux-de-Fonds, St. Immer, Biel und Solothurn.

Gewisse Schulen — Le Locle, La Chaux-de-Fonds und Biel — sind einem Technikum angegliedert. Ihre Schüler betreiben ihre Studien gemeinsam mit ihren Kollegen von andern Abteilungen (Mechanik, Elektrizität usw.).

An fünf Schulen wird der Unterricht nur in französischer Sprache erteilt. In Biel ist der Unterricht zweisprachig, während man sich an der Schule von Solothurn der deutschen Sprache bedient.

Die schweizerischen Uhrmacherschulen umfassen oft mehrere Sektionen:

Die Ausbildung des *Uhrmacher-Technikers (technicien-horloger)* dauert meistens fünf Jahre. Die Schüler, die sich für diesen Beruf entschließen, finden erst nach Abschluß der Sekundarschulen Aufnahme. Der Unterricht ist theoretisch und praktisch: höhere Mathematik, rationelle und angewendete Mechanik, Physik, Chemie, Astronomie, Zeichnen, Konstruktion, Theorie und Technologie des Berufes, Laboratoriumsarbeiten. In praktischer Hinsicht: Konstruktion von einfachen und komplizierten Uhren auf dem Wege der Handarbeit und nach mechanischem Verfahren, Kenntnis und Anfertigung von Werkzeugen.

In der Industrie beschäftigt sich der Uhrmacher-Techniker mit der Konstruktion neuer Kaliber, mit Umänderungen, der Verbesserung von Arbeitsmethoden und der Instandstellung der Werkzeugausrüstung. Seine Rolle ist ähnlich derjenigen des Ingenieurs in der Maschinen- und elektrischen Industrie.

Die Ausbildung des *Uhrmacher-Praktikers (horloger-praticien)* kann gleich nach Austritt aus der Primarschule erfolgen, aber immerhin nicht vor dem fünfzehnten Altersjahre. Der Uhrmacher-Praktiker erhält an der Schule guten Unterricht in Technologie, Berufstheorie, elementarer Mathematik und im Zeichnen; seine Ausbildung ist indessen vor allem eine handwerkliche. Aus dem Uhrmacher-Praktiker werden später Vorarbeiter, Visiteurs, Werkstättenchefs oder Regleurs. Diese Schüler bilden das Kader der Fabrik.

Einige Schulen bilden auch noch Spezialisten für die Herstellung von Präzisionswerkzeugen aus (horlogers-outilleurs). Alle bilden auch künftige, für die Reparaturen bestimmte Uhrmacher aus *(Uhrmacher-Rhabilleurs)*. Die Dauer der Lehrzeit für Uhrmacher-Praktiker, Uhrmacher-Regleur, Uhrmacher-Outilleur und Uhrmacher-Rhabilleur beträgt 3½ bis 4½ Jahre.

Wie andere Industrien, so beschäftigt auch die Uhrenindustrie ein zahlreiches, spezialisiertes Personal für ganz bestimmt umschriebene Arbeiten, wie: *Remonteurs, Acheveurs* usw. Die Schulen übernehmen ebenfalls die Ausbildung dieses Personals (Lehrzeit 2 bis 2½ Jahre), ebenso wie diejenige von jungen *Regleusen*, die nach 2 Jahren Lehrzeit einen interessanten, sauberen und lohnenden Beruf beherrschen.

Die Uhrmacherschulen bieten auch den *Uhrenhändlern (négociants en horlogerie)* Gelegenheit, sich in einem oder in zwei Jahren die elementaren technischen Kenntnisse anzueignen, die ihnen bei der Ausübung ihres Berufes sehr nützlich sein können.

Die Universität von Neuenburg hat unter Mitarbeit des Laboratoire Suisse de Recherches horlogères (L. S. R. H.) ein für zwei Jahre bestimmtes Programm für Universitätsstudien aufgestellt, zur Erlangung des *Höheren Diploms für Uhrmacher-Techniker (Diplôme supérieur de technicien-horloger)*. Die Immatrikulation ist den Studenten gestattet, die im Besitze des Technikerdiploms einer Uhrmacherschule sind.

Die Praxis der Laboratoriumsarbeiten, der Metallographie, die Kenntnis der Eigenschaften der Schmiermittel, mit einem Wort: die Fähigkeit, wichtige wissenschaftliche Arbeiten in Angriff nehmen und sie fortführen zu können, wird ohne Zweifel mehr und mehr vom obern Personal der großen Fabriken verlangt.

XXXII. KAPITEL

EINIGE RATSCHLÄGE FÜR DEN BESITZER EINER UHR

Die Uhr ist ein Präzisionsinstrument, und zwar eines der exaktesten, aber auch eines der delikatesten. Man verlangt viel von einer Uhr, dafür soll ihr Besitzer ihr gegenüber auch ein Minimum von Rücksicht walten lassen.

Man kann heute stoßgesicherte Uhren kaufen, solche, die gegen das Eindringen der Luft und des Wassers geschützt sind, sowie solche, die sich gegen die Einflüsse des Magnetismus unempfindlich zeigen. Das will natürlich keineswegs sagen, daß man seine Uhr ungestraft vom zweiten Stock auf die Straße werfen, sie längere Bäder in zehn Meter Tiefe genießen lassen oder sie magnetischen Feldern von einigen Tausend Gauß aussetzen darf. Hier muß man die Vernunft walten lassen. Nachstehend nun einige Ratschläge, die der Verkäufer einer Uhr seinem Kunden mit auf den Weg geben sollte:

1. *Seine Uhr einmal im Tag aufzuziehen*, am besten am Morgen (es sei denn, daß es sich um eine solche mit automatischem Aufzug handelt). Man soll sie ganz aufziehen, aber *ohne zu forcieren.* Gewisse Personen besitzen mehrere Uhren. Diesen kann man nicht genug empfehlen, nie eine derselben allzulange stillstehen zu lassen, denn ein gewisses Umrühren des Öls ist notwendig.

2. Das Stellen der Zeiger kann nach vor- und nach rückwärts erfolgen, doch soll das Rückwärtsstellen bei Repetieruhren, bei komplizierten Uhren im allgemeinen, vermieden werden. Auch soll nicht vergessen werden, die Krone nach erfolgter Zeigerstellung zurückzustoßen.

3. Alle Maschinen müssen von Zeit zu Zeit geölt werden. Wenn man diese Vorsichtsmaßregel vernachlässigt, kann man sich schweren

Unannehmlichkeiten aussetzen; davon wissen die Automobilisten und die Mechaniker zu erzählen. Auch die Uhr muß regelmäßig geschmiert werden. Eine Uhr, die regelmäßig gereinigt und geölt wird, ist sozusagen nicht abzunützen. Eine kleine Uhr soll man mindestens alle Jahre, eine ganz kleine alle sechs Monate reinigen lassen. Für die Uhren mittleren oder großen Formates kann man zwei bis drei Jahre zuwarten.

Man darf nicht vergessen, daß die Uhr eine ganz gewaltige Arbeit leistet. Denn sie läuft Tag und Nacht, und die Menge Öl, die ihr zugeführt wird, ist winzig klein.

4. Es kommt manchmal vor, daß sich bei einer Uhr, die man als wasserdicht gekauft hat, eine Ansammlung von Wasserdunst unter dem Glas bemerkbar macht. Das bedeutet keineswegs, daß die Uhr nicht wasserdicht sei, denn es kann sich hier um eine Kondensationserscheinung handeln.

5. Der Kauf einer Uhr ist Vertrauenssache, weshalb man sich hiefür stets an einen tüchtigen Uhrmacher wenden soll. Es existieren sehr teure und sehr billige Uhren, aber auch letztere können gut sein. Der ehrliche und fähige Uhrmacher wird seinem Kunden stets zu der Uhr raten, bei der er auf alle Fälle das besitzt, wofür er sein Geld ausgelegt hat.

6. Man hört in der Schweiz oft Zweifel aussprechen hinsichtlich der Genauigkeit der vom Observatorium in Neuenburg ausgesandten Zeitzeichen (Radio), wie auch gegenüber der sprechenden Uhr des Genfer Observatoriums (Telephon). Wir können sagen, daß diese Zeitzeichen genügend genau sind für den bürgerlichen Gebrauch (der Fehler beträgt einen kleinen Bruchteil einer Sekunde). Sie genügen auch für den Gebrauch in der Industrie.

XXXIII. KAPITEL

GESCHICHTLICHE NOTIZEN

Galileo Galilei (1564—1642) entdeckt die Pendelgesetze. Er erfindet eine Pendeluhr, die übrigens nicht zu seinen Lebzeiten erbaut wurde.

Christian Huygens, Den Haag (1628—1695) formuliert die Gesetze des Isochronismus des Pendels und die Eigenschaften der Zykloide. Er verwirklicht als erster die Anwendung der Spiralfeder bei Zeitmeßapparaten. Er konstruiert eine Marine-Uhr, die wahrscheinlich die erste war.

Dr. Hooke (1635—1703) ist der Erfinder des Rückfallankers.

Fatio de Duillier (1664--1753) erfindet ein Verfahren, um Edelsteine zu bohren.

Georges Graham (1675—1751) ist der Erfinder der Pendeluhren-Hemmung, die seinen Namen trägt. Er erfindet außerdem das Quecksilberpendel und die Zylinderhemmung.

John Harrisson (1693—1776) konstruiert die ersten Marine-Chronometer mit Unruh und Spiralfeder. Er ist außerdem der Erfinder des Rostkompensationspendels und eines Kompensationssystems für Uhren.

Thomas Mudge (1715—1794) ist der Erfinder der Ankerhemmung.

Ferdinand Berthoud (1737—1807) erfindet die Federhemmung für Chronometer. Er macht außerdem wichtige Entdeckungen bezüglich der Wirkung der Temperaturschwankungen und veröffentlicht unter anderem «Histoire de la mesure du temps» (Geschichte über die Zeitmessung), «Essais sur l'horlogerie» (Abhandlung über die Uhrmacherei), «Traité des horloges maritimes» (Abhandlung über Marine-Uhren).

John Arnold (1736—1799) stellt die Chronometerhemmung in ihrer heutigen Form her. Er ist der erste, der die Endkurven anwendet.

Pierre Le Roy (1717—1785) erfindet eine Art Wippenhemmung für Chronometer. Er ist der Verfasser der berühmten Regel über Isochronismus, «Pierre Le Roy» genannt. Er erfindet außerdem ein Kompensationssystem, das heute nicht mehr angewendet wird.

Thomas Earnshaw (1749—1829) konstruiert die ersten zweimetalligen Unruhen.

Abram-Louis Breguet (1747—1823) erfindet die Tourbillonhemmung. Außerdem ist er der Schöpfer einer Menge von originellen und interessanten Sachen.

Edouard Phillips (1821—1889) bestimmt als erster die Bedingungen, welche die Endkurven der Spiralfedern zu erfüllen haben.

Yvon Villarceau (1813—1889) ist der Autor der Theorie über die zweimetalligen Streifen (Lames bimétalliques).

Jules Grossmann (1829—1907) ist der Verfasser der Theorie über die Innenkurven und über den Ansetzpunkt. Außerdem hat er ein großes Werk über die theoretische Uhrmacherei verfaßt.

Charles-Edouard Guillaume (1861—1938) studierte die Eigenschaften der Legierungen des Stahls und des Nickels. Er hat das Invar geschaffen, die Guillaume-Unruh (balancier Guillaume) sowie das Elinvar. Er öffnete neue Wege bezüglich der Forschungen über die Legierungen.

Oktober 1945.

DIE GLUCYDUR-UNRUH

Das Regulierungsorgan der Uhr ist durch eine ganze Reihe von Theoretikern und Praktikern studiert und vervollkommnet worden.

Aus diesen Forschungen und Vervollkommnungen ging als letzte Errungenschaft die zweimetallische Unruh aus Stahl-Messing hervor, die mit der Spiralfeder aus Stahl verbunden ist.

Die Guillaume-Unruh, deren einer Bestandteil Nickelstahl ist, hat die Ausmerzung des sogenannten sekundären Kompensationsfehlers ermöglicht.

Diese zwei verbundenen Regulierorgane stellen ein System dar, mit welchem die besten Regulierungsergebnisse erzielt wurden, die bis zum heutigen Tage möglich waren. Die Unruh vermag durch Veränderung ihres Trägheitsmomentes je nach den verschiedenen Temperaturen die Veränderungen des Elastizitätsmomentes der Spiralfeder in vollkommener Weise auszugleichen.

Die Fortschritte der Metallurgie haben die Spezialisten veranlaßt, solche Legierungen ausfindig zu machen und zu schaffen, welche die Herstellung von selbstkompensierenden Spiralfedern ermöglichen, die sich als sehr wenig magnetisch erwiesen haben.

Die mit dieser neuen Spiralfeder verbundene Unruh benötigt keine kompensierenden Eigenschaften mehr.

Theoretisch muß die einmetallische unmagnetische Unruh mit der selbstkompensierenden Spiralfeder verbunden sein, wenn die den Temperaturschwankungen unterworfene Uhr einen ausgezeichneten Gang erzielen soll.

In der Praxis müssen, wenn eine einmetallische Unruh in Werken von ausgesuchter und mittlerer Qualität gute Resultate liefern soll, die folgenden Bedingungen erfüllt sein.

Eine einwandfreie Stellung der Achse, die bedingt ist durch:

einen Unruhschenkel aus starrem Metall, das gegen Deformationen während des Vernietens oder Treibens der Achse widerstandsfähig ist,

ein in seinem molekularen Aufbau festes Metall,

eine Unruh, deren Reif jeder Deformation während der Betätigung der Regulierung widersteht.

Alle diese Bedingungen müssen erfüllt sein, damit nach durchgeführter Regulierung der Unruhreifen sich vollkommen konzentrisch zur Achse dreht und in einer Ebene schwingt, die genau senkrecht dazu steht.

Alle diese Bedingungen sind bei der durch die Fabriques de Balanciers Réunies hergestellten Glucydur-Unruh erfüllt.

Diese aus sehr hartem Metall — 400 Brinell — hergestellte, unmagnetische und nicht ätzbare Unruh fällt durch ihren prächtigen Glanz und durch ihre bemerkenswerte Politur auf und verleiht der Uhr ein eigenes Gepräge.

Für Serienfabrikate wie auch für Spezialwerke ist die Glucydur-Unruh ein begehrter Artikel für den «Pivoteur» wie auch für den «Régleur»; sie erleichtert die «schöne» Arbeit und sie bedeutet einen weiteren Schritt in der Richtung auf die Vervollkommnung.

APPARAT «COÏNCIDENCE» ZUR BEOBACHTUNG DES GANGES VON UHREN

Der Apparat *Coïncidence* dient zur Beobachtung des Ganges von Uhren. Wird eine Uhr vor das Mikrophon gebracht, so kann mit Hilfe dieser Maschine 15 oder 30 Sekunden später ihr Gang in 24 Stunden

Fig. 1. Apparat «Coïncidence IIB»
Kontrolluhr mit Kontakt und Zähler

— direkt in Minuten und Sekunden ausgedrückt — auf dem Zifferblatt eines Zählers abgelesen werden. Man erhält also direkt den Betrag des Vor- oder Nachgehens eines beliebigen Werkes, ohne Zifferblatt und Zeiger.

Die Vorteile, die eine solche Maschine bietet, sind mannigfach. Der «Termineur» kann innert kurzer Zeit alle seine Stücke auf die ihm vorgeschriebene Regulierung bringen. Er wird dann die in Fig. 1 veranschaulichte Vorrichtung verwenden, die ihm ermöglicht, eine Uhr zu retouchieren, während gleichzeitig die nächste beobachtet wird.

Mit diesem Verfahren kann man auch eine lohnende Anzahl von Werken in der Kapsel retouchieren, in einer oder in mehreren Lagen, und sie auf eine derartige Regulierung bringen, daß in der Folge 24 Stunden genügen, um ihren Gang ein letztes Mal zu überprüfen.

Die Erfahrung hat gezeigt, daß nach ungefähr 12stündiger Gangdauer der Uhrfeder das von der Maschine gelieferte Resultat sich am meisten dem täglichen Gang nähert.

Das Abhören am Lautsprecher bietet den ebenfalls schätzenswerten Vorteil, das «Prellen» (Anschlagen) und übermäßige Reibungen aufzudecken.

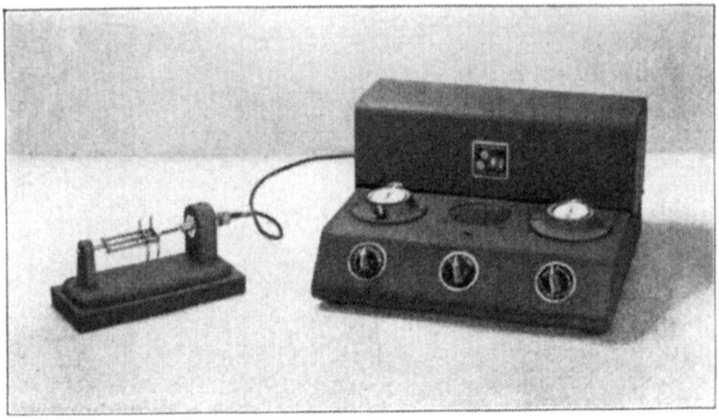

Fig. 2. Apparat «Coïncidence II»
Kontrolluhr mit Kontakt und Zähler

Die Praxis hat auch gezeigt, daß die Präzision des Apparates für gangbare Uhren durchaus genügt. Sie beträgt in gewissen Fällen weniger als 5 Sekunden für eine qualifizierte Taschenuhr. Bei einer Uhr von mittlerer Qualität darf die Abweichung pro Tag 15 bis 20 Sekunden betragen, wobei immerhin die verschiedenen Faktoren in Rechnung zu stellen sind, welche ihre Regulierung beeinträchtigen können.

Der Apparat leistet auch große Dienste bei der beschleunigten Abfertigung einer dringenden Sendung wie auch bei der Überprüfung von Uhren, welche lange im Lager gelegen haben.

Für den Detaillisten ist es sehr nützlich, eine Uhr vor der Ablieferung an den Kunden nachzuprüfen und bei Reparaturen die Lieferfrist abzukürzen.

Der Apparat *Coïncidence* ist ein Arbeitsinstrument, das für die Uhrmacherei von derselben Wichtigkeit ist wie die Schreibmaschine für den Büroangestellten. Sobald man sich an seinen Gebrauch gewöhnt hat, wird er unentbehrlich.

Einen Apparat zur Kontrolle der Uhr besitzen, heißt seine Fabrikation den Erfordernissen einer raschen und genauen Arbeitsweise anpassen.

DIE „DUMONT-WERKZEUGE“

Die Firma *Dumont* wurde im Jahre 1881 in La Chaux-de-Fonds durch den aus Le Locle gebürtigen Arnold Dumont gegründet, der sich nach seiner Rückkehr aus den Vereinigten Staaten, wo er sich längere Zeit aufgehalten hatte, ganz der Vervollkommnung der Uhrmacherwerkzeuge widmete.

Zu jener Zeit waren diese Werkzeuge noch ganz unausgebildet, und in der Uhrmacherwelt begrüßte man die Anstrengungen *A. Dumonts* aufs wärmste.

Als gelernter Uhrmacher war er in der Lage, den Herstellungsvorgang der Uhr zu verfolgen und so die Formen der verschiedenen Werkzeuge den schwierigsten Anforderungen anzupassen. 20 Jahre nach ihrer Gründung durfte sich die Firma *Dumont* einer ganz besonderen Lage erfreuen. Der Gründer und seine beiden Söhne, Paul und Theodor, arbeiteten in der Familie als Künstler zusammen. Alle Werkzeuge wurden von Hand angefertigt, einzig mit Hilfe von Amboß, Hammer und einigen Feilen.

Nie hätten sie daran gedacht, daß ihre Werkzeuge, die in erster Linie dazu ausersehen waren, die Aufgabe der einheimischen schweizerischen Fabrikation zu erleichtern, sich auch einmal im Ausland großer Wertschätzung erfreuen würden. In der Tat verlangten ausgewanderte Uhrmacher, welche die sorgfältige Herstellungsweise und sonstigen Vorzüge der *Dumont-Werkzeuge* kannten, von den ausländischen Furnituristen die Einfuhr dieser Werkzeuge. Außerordentlich umfangreiche Bestellungen aus den verschiedensten Ländern belohnten die Anstrengungen der Hersteller.

Eine neue Aufgabe stellte sich für Herrn *Dumont:* Der Ausbau der Fabrikation. Sie wurde durch die hingebende Mitarbeit seiner beiden Söhne erleichtert.

Noch heute ist die Firma *Dumont* ihrer überlieferten Arbeitsweise treu geblieben. Alle ihre Werkzeuge werden vollständig von Hand angefertigt. Ein gewöhnlicher Streifen oder Stab aus Stahl der gewünschten Qualität genügen zur Herstellung einer Kornzange oder Zange.

Seit der Gründung der Firma *Dumont* hat die Schweizer Uhr außerordentliche Fortschritte gemacht. Dies erforderte seitens des Unternehmens äußerste Anstrengungen in bezug auf die Präzision, um ihre Werkzeuge den neuen Anforderungen der Fabrikation und der Reparatur anzupassen. Während man sich z. B. in der guten alten Zeit mit «feinen» Kornzangen begnügen konnte, braucht es heute, infolge des verkleinerten Formates der Uhren, «extrafeine», ja sogar «superfeine» Kornzangen (mit Spitzen zu $^{3}/_{100}$).

Heute sehen die meisten Uhrenfabriken in der Firma *Dumont* einen ihrer wertvollsten Mitarbeiter. Sie wissen, daß sie weiterhin alle Anstrengungen machen wird, um ihnen vorzügliche und wohldurchdachte Werkzeuge zu liefern.

DIE STOSSICHERE LAGERUNG DER UNRUH, SYSTEM „INCABLOC“

Starke Schläge können bekanntlich die feinen Zapfen der Unruh zertrümmern oder zum mindesten beschädigen. Die *Incabloc*-Lagerung für Unruhzapfen beseitigt diese Gefahr vollständig und wird dadurch zu einem unerläßlichen neuen Konstruktionselement der Uhr. Aufbau und Wirkungsweise dieser einzigartigen Lagerung seien kurz beschrieben.

Fig. 1

Fig. 2

Die Lagersteine, statt fest eingebaut, sind in eine Steinfassung eingesetzt, welche außen konische Führungsflächen aufweist. Ein konzentrischer Lagerkörper ist so ausgedreht, daß die Steinfassung darin lose, aber spielfrei eingehängt werden kann. Zu diesem Zweck hat die Ausdrehung ebenfalls konische Führungsflächen, in welche diejenigen der Fassung genau hineinpassen. Eine aufklappbare Haltefeder drückt die Fassung mit den Lagersteinen unter bestimmtem konstantem Druck fortwährend in den Lagerkörper hinein, so daß sich das Ganze wie ein festes, genau zentriertes Lager verhält.

In Fig. 1 ist ein solches Lager, eingebaut in den Unruhkloben, im Schnitt dargestellt. Versuche haben gezeigt, daß ein starker Schlag die Zapfen mit einem Druck belastet, der oft das Hundertfache des Unruhgewichtes übersteigt. Der Zapfen bricht oder verbiegt sich. Bei der «Incabloc»-Lagerung aber gleitet in einem solchen Falle die Steinfassung aus seinen konischen Sitzen leicht heraus, da die Haltefeder etwas nachgibt, so daß die Zapfen nur den Federdruck zu überwinden haben. Durch die kleine seitliche Verschiebung des Lagers kommt der starke Teil der Welle an die Lochwand des Lagerkörpers anzuliegen und fängt dort den Schlag auf. Sofort nach dem Schlag drückt die Feder die Fassung wieder in ihre zentrierte Ausgangslage zurück.

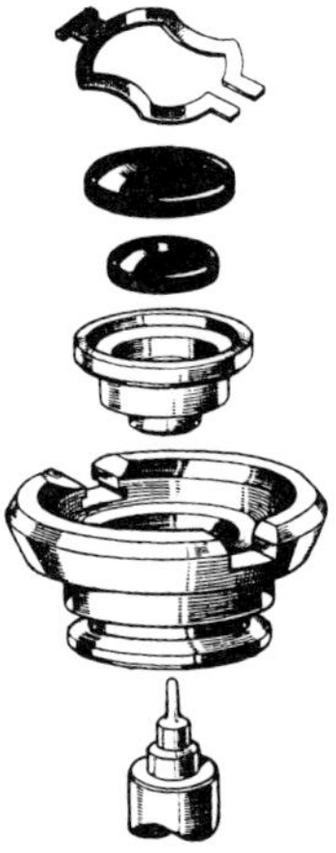

Fig. 3

In Fig. 2 ist die seitliche Verschiebung des Lagers im Moment des Schlages zu sehen. Die Zapfen können somit nicht beschädigt werden. In der Steinfassung ist der Lochstein fest eingepreßt, der Deckstein aber nur lose eingelegt und durch die Haltefeder in der Fassung festgehalten. Durch Aufklappen der Haltefeder werden Fassung und Steine freigelegt, können zwecks Reinigung und Ölen herausgenommen und kontrolliert werden, ohne die Uhr zerlegen zu müssen.

Der Lagerkörper ist zugleich Rückerträger und wird seinerseits durch einen Keilverschluß im Unruhkloben befestigt. Die Fig. 3 läßt die einzelnen Teile der Lagerung getrennt erkennen. Von oben nach unten Haltefeder, Deckstein, Lochstein, Steinfassung, Lagerkörper, Unruhwelle.

UN SIECLE D'ART ET DE PRECISION

Chronométrie

ULYSSE NARDIN

LE LOCLE

8 Grands Prix

DOXA-UHRENFABRIK, LE LOCLE (SCHWEIZ)

GEGRÜNDET 1889

Werkaufnahme im Neubau der ONSA
Alle technischen Neuerungen stehen hier zur Verfügung, um die Qualität der ONSA-Uhr stetig zu verbessern.

ARBU-WATCH A. BUECHE - BIENNE

Spezialgeschäft für die Fabrikation von Chronographen, Mehrfachzähler-Chronographen mit Kalender

publicolor
FAVRE-LEUBA S.A
Compagnie des montres FAVRE-LEUBA S.A. Genève-Suisse

ARSA
1942
1944
1946
Für die heutige Zeit, moderne Zähler
Manufacture d'Horlogerie A. REYMOND S.A.
TRAMELAN (SUISSE)

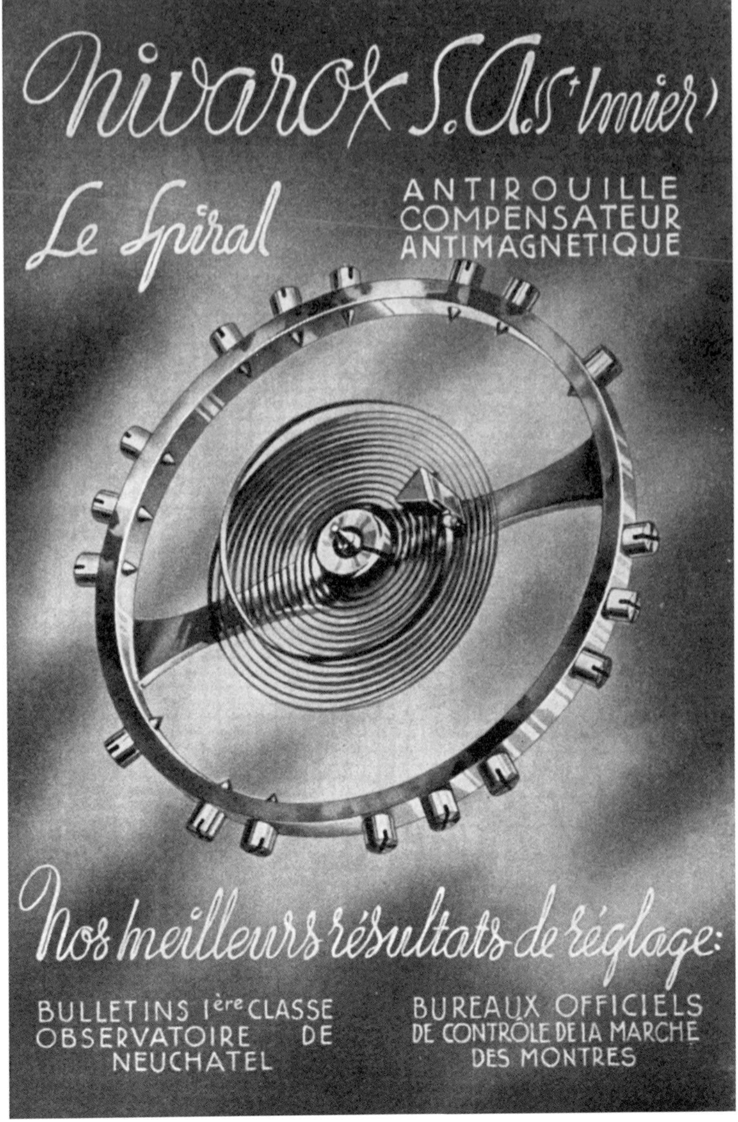
Nivarox S.A. (St Imier)
Le Spiral
ANTIROUILLE
COMPENSATEUR
ANTIMAGNETIQUE
Nos meilleurs résultats de réglage:
BULLETINS 1ère CLASSE
OBSERVATOIRE DE
NEUCHATEL
BUREAUX OFFICIELS
DE CONTRÔLE DE LA MARCHE
DES MONTRES

HELIOS
UHRENTRIEBE - FABRIKEN
ARNOLD CHARPILLOZ
BÉVILARD SCHWEIZ

Weitere Highlights im HEEL Verlag

554 Seiten, ca. 200 Illustrationen,
148 x 210 mm, gebunden
€ (D) 24,99
ISBN: 9783958430358

80 Seiten, 158 x 216 mm, Hardcover
€ (D) 14,99
ISBN: 9783966643047

220 Seiten, ca. 270 größtenteils farbige Abbildungen und Grafiken, 170 x 247 mm, gebunden
€ (D) 39,95
ISBN: 9783868528879

80 Seiten, ca. 80 Abb.,
170 x 245 mm, gebunden
€ (D) 19,99
ISBN: 9783868520194

272 Seiten, 175 x 245 mm,
Hardcover
€ (D) 28,–
ISBN: 9783966641081

Bestellungen: Tel. 0531 708606 | Fax 0531 708601

Unser komplettes Programm erhalten Sie im Internet unter www.heel-verlag.de und über jede Buchhandlung.

Historische Uhrenbücher

Im Jahre 2003 wurde unser kleiner Verlag gegründet, der sich mit dem Erhalt von alter Uhrenliteratur beschäftigt. Damit sollte der kleine Kreis von Uhrenliebhabern mit Uhrentechnik-Informationen versorgt werden. Zusätzlich wurde auch an die Bedürfnisse in der Uhrmacherausbildung gedacht, da auf diesem Gebiet in den letzten Jahrzehnten leider kaum neue Bücher erschienen.

Im Laufe der Zeit sind einige neue Bücher auf der Grundlage von Bewährtem entstanden. Aber auch alte Bücher sind als hochwertige Reprints wieder zu neuem Leben erweckt worden.

Um auch bei kleinsten Auflagen (30–100) kostendeckend arbeiten zu können, werden unsere Bücher im Wesentlichen nur direkt beim Verlag bestellbar sein. Dabei versuchen wir, möglichst hochwertige Bücher anzubieten. Unsere Bücher sollen immer folgende Ausstattungsmerkmale aufweisen (wenn nicht anders vermerkt):

- Hardcover
- Fadenbindung
- Offsetdruck
- Buchherstellung in Deutschland

Allerdings haben wir aus Kostengründen inzwischen auch Broschuren im Angebot.

Zuverlässigkeit, Qualität und Seriosität meines Verlages knüpfen an unsere Familientradition an. Garant dafür ist Michael Stern, der als Fachberater und Autor dem Verlag zur Seite steht.

Ihr

Florian Stern

Historische Uhrenbücher
Baseler Str. 83A
12205 Berlin
www.uhrenliteratur.de
bestellung@uhrenliteratur.de
Tel/AB: 0049 (0)30 83203842
Fax: 0049 (0)30 83202674

Jendritzki / Stern
Der Uhrmacher an der Drehbank, Berlin 2015

Jendritzki/Stern/Heydt
Die Armband- und Taschenuhr in der Reparatur
Handbuch für Uhrmacher und Uhrenliebhaber, Berlin 2014

Grosch/Dietzschold/ Hüttig
Praktisches Handbuch für Uhrmacher und zur Regulierung der Uhren, 1907

Eyermann/Reutebuch
Chemisch-technisches Rezept- und Nachschlagebuch, 1952

Lehotzky
Technische Grundlagen der mechanischen Uhren *von der Turm bis zur Armbanduhr,* Berlin 2008

Rösling
Der Thurm-Uhren-Bau, 1843

Irk
Der Chronometergang, 1923

Auch
Handbuch für Landuhrmacher, 1858

Martens
Beschreibung der Hemmungen der höheren Uhrmacherkunst + Beschreibung der neuen freien Chronometer-Hemmung, 1858/1875

Jendritzki
Der moderne Uhrmacher, 1962

Jendritzki
Reparatur antiker Pendeluhren,1991

Stern
Die Uhrmacherei Bd. 1, Berlin 2008

Held
Uhrenbau - Ein Werkbuch, Berlin 2012

Gruber/Münch/Strock
Das ABC des Uhrmachers, 1955

Viele weitere interessante Titel mit ausführlichen Beschreibungen und Leseproben finden Sie im Internet unter
www.uhrenliteratur.de

Impressum
HEEL Verlag GmbH
Gut Pottscheidt
53639 Königswinter
Telefon 02223 9230-0
Telefax 02223 923026
info@heel-verlag.de
www.heel-verlag.de

© 2016: HEEL Verlag GmbH, Königswinter
2. Auflage 2022

Die dem vorliegenden Buch handelt es sich um einen Reprint von 1945.
Die Rechteinhaber des Buches waren trotz größter Bemühungen leider nicht zu ermitteln.
Sollten Rechte Dritter bestehen, bitten wir um Benachrichtigung.

Herausgeber der Neuauflage: Michael Stern, Berlin
Digitalisierung: © Michael Stern, Berlin

Titelgestaltung: Axel Mertens, HEEL Verlag

Alle Rechte, auch die des Nachdrucks, der Wiedergabe in jeder Form und der Übersetzung in andere Sprachen, behält sich der Herausgeber vor. Es ist ohne schriftliche Genehmigung des Verlages nicht erlaubt, das Buch und Teile daraus auf fotomechanischem Weg zu vervielfältigen oder unter Verwendung elektronischer bzw. mechanischer Systeme zu speichern, systematisch auszuwerten oder zu verbreiten. Ebenso untersagt ist die Erfassung und Nutzung auf Netzwerken, inklusive Internet, oder die Verbreitung des Werkes auf Portalen wie Googlebooks.

Haftungsausschluss
Die in diesem Buch enthaltenen Informationen wurden von dem Autor damals nach bestem Wissen zusammengetragen. Allerdings haben sich im Laufe der Zeit Arbeitsverfahren, physikalische Einheiten, Normen und Begriffe geändert. Das Werk spiegelt den Verfahrens- und Technologiestand um 1938 wider. Die an diesem Buch Beteiligten übernehmen keinerlei Verantwortung bzw. Haftung für mögliche Schäden. Dies gilt auch für durchgeführte Arbeiten gemäß den hier vorgestellten Beschreibungen und Darstellungen – diese sind immer nur als Anregungen zu verstehen und entsprechen nicht immer den heute gültigen Vorschriften.

Alle Angaben ohne Gewähr, Irrtümer vorbehalten

Printed in Czech Republic

ISBN: 978-3-95843-221-5

177

3601

36

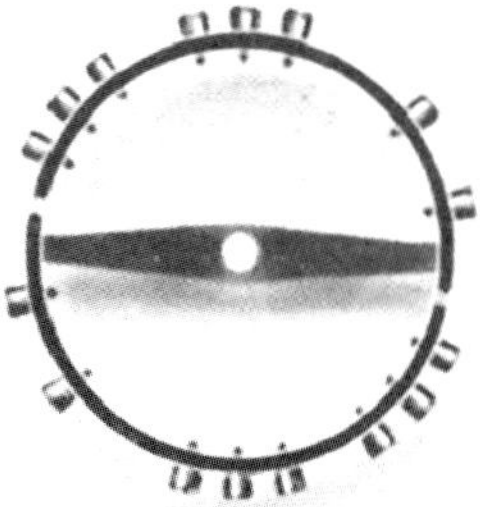

3610

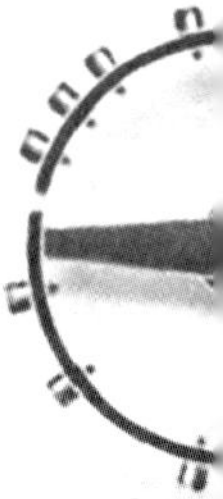

36

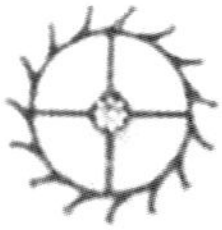

3622

3623

36

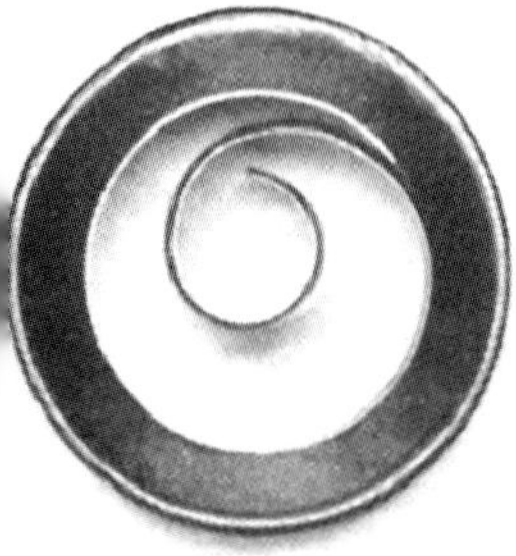

3628

3629

3632

3633

3635

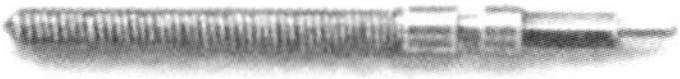

3641

3645

3646

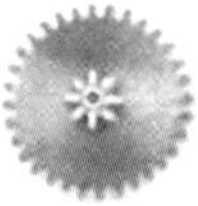

3647

3661

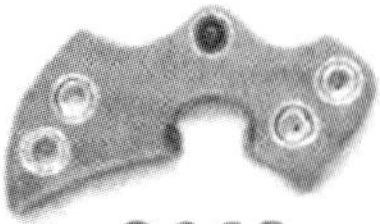

3662

3663

3665

9

3681

3683

3684

3685

3687

3688

3